U0187350

高等职业教育机械类专业系列教材

UG NX 12.0 全实例教程

郭晓霞　周建安　洪建明　朱光力　编著

机 械 工 业 出 版 社

本教材精选了 100 个实例：常规形状实体建模实例 32 个（另有习题 39 个），同步建模实例 9 个，曲面形状实体建模实例 15 个，二维工程图实例 2 个，部件装配实例 3 个。实例从简单到复杂，从单个知识的应用到综合知识的运用，逐步、逐例讲解实际的操作过程，使读者通过实例学会并熟悉 NX 12.0 各种命令的使用。本教材也适合 NX 10.0 版本（注意在"首选项"下将用户界面环境设置为功能区）。

本教材的另一特点就是所有建模实例的题目都是以二维工程图并附加三维实体图的形式呈现，这样有利于读者在开始作图前发挥自己的建模想象力。

本教材所有的实例都配有教学视频，每个实例前配有二维码，手机扫描即可播放，所有教学视频配有语音解说，便于老师教学和学生自学。本教材同时配套所有实例及习题涉及的零件素材文件。凡选用本教材的教师可登录机械工业出版社教育服务网（http://www.cmpedu.com）注册后免费下载，咨询电话：010-888379375。

图书在版编目（CIP）数据

UG NX 12.0全实例教程/郭晓霞等编著.—北京：机械工业出版社，2020.6（2025.1重印）
高等职业教育机械类专业系列教材
ISBN 978-7-111-65144-4

Ⅰ.①U… Ⅱ.①郭… Ⅲ.①计算机辅助设计—应用软件—高等职业教育—教材
Ⅳ.①TP391.72

中国版本图书馆CIP数据核字（2020）第046909号

机械工业出版社（北京市百万庄大街 22 号 邮政编码 100037）
策划编辑：于奇慧 责任编辑：于奇慧
责任校对：潘 蕊 封面设计：马精明
责任印制：郜 敏
中煤（北京）印务有限公司印刷
2025 年 1 月第 1 版第 12 次印刷
184mm×260mm · 16.75 印张 · 410 千字
标准书号：ISBN 978-7-111-65144-4
定价：46.00 元

电话服务   网络服务
客服电话：010-88361066   机 工 官 网：www.cmpbook.com
        010-88379833   机 工 官 博：weibo.com/cmp1952
        010-68326294   金 书 网：www.golden-book.com
封底无防伪标均为盗版   机工教育服务网：www.cmpedu.com

前　言

　　10 余年的 NX 软件教学经验使我们体会到，一本好的教科书，既要内容丰富又要简单实用，既便于教师讲授又利于学生自学。

　　基于这样的理念，本教材精选了有代表意义的 100 个建模实例（包括常规形状和曲面形状的产品、同步建模、二维工程图、部件装配），从简单到复杂，从单个知识的应用到综合知识的运用，逐步、逐例讲解实例的操作过程。本教材中的每个实例都有教学视频，并配有语音解说，手机扫描教材中实例前面的二维码即可播放，也可以登录机械工业出版社教育服务网（www.cmpedu.com）下载相关资源。

　　本教材最大的特点就是实例教学，没有专门讲解工具条和命令，而是通过实例建模过程运用命令，使读者很容易产生联想。通常花 2 ～ 3 天时间就可以学完前十几个实例，进而基本掌握 NX 的建模方法，能在工作中初步地使用 NX；2 周左右时间学完本教材后，就能在工作中较熟练地使用 NX 从事产品设计。

　　本教材的另一特点就是所有建模实例的题目都是以二维工程图并附加三维实体图的形式呈现，这样读者在练习之前首先就有目标，有利于读者发挥自己的建模想象力，既可以按照书上介绍的建模方法创建模型，也可以使用自己的建模方法造型产品。

　　本教材的编者都有 10 年以上 NX 软件的教学经验，且都曾经在企业使用 NX 软件从事过产品设计、模具设计及 NX 数控编程加工。

　　本教材的实例建模方法，不一定是最佳方法，更不是唯一的方法，教材编写的主要目的是使读者能通过建模过程学会各种命令的使用和掌握建模的方法。

　　本教材适合高职高专院校教学使用，也适合自学者及短训班学员学习使用。

　　本教材讲述的是 NX 12.0 的 CAD 部分，即建模、二维工程图、部件装配三大模块，共 6 章。第 1 章、第 2 章、第 3 章和附录由深圳职业技术学院郭晓霞编写；第 4 章由深圳职业技术学院周建安编写；第 5 章、第 6 章由深圳职业技术学院洪建明编写；全书的统筹编排以及全部教学视频由深圳职业技术学院朱光力负责和制作。

　　深圳职业技术学院的谢国明老师对本教材的一些实例提供了技术指导，王学平老师为本教材提供了一些实例，郭刚、匡和壁老师也对本教材的编写提出了一些好的建议，深圳市高技能训练基地喻建华老师提供了一些实例和编写建议，在此深表感谢！

　　由于编者水平有限，教材中难免存在纰漏及错误之处，恳请广大读者批评指正。

编　者

目 录

第1章

NX 12.0 操作界面

NX 软件是三维参数化软件，主要应用于机械和电子等工业领域，尤其在模具企业更是应用广泛，可用于产品设计、分析，成型产品的模具设计，以及零件自动数控编程加工的全过程。

1.1　NX 12.0 用户界面及其定制

启动 NX 12.0 后，通常显示的是图 1-1 所示的界面。单击"新建"按钮，出现图 1-2 所示的"新建"对话框，选项如图中黑圈所示；输入文件名及存放路径，再单击"确定"，进入建模界面，如图 1-3 所示。

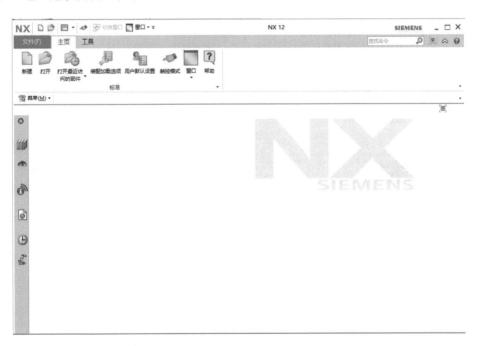

图　1-1

1.1.1　窗口结构

NX 采用图 1-3 所示的 Windows 风格的图形用户界面。使用 Windows 用户界面技术为用户提供了一个完全熟悉的操作环境。

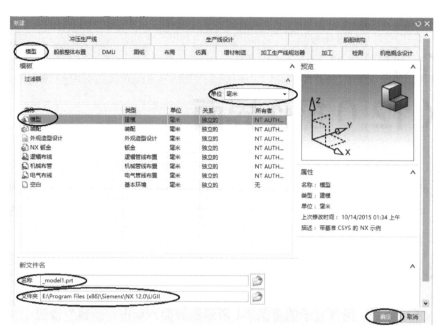

图　1-2

操作命令工具条　　快速访问工具条　　功能模块选项卡　　版本号及当前模块名

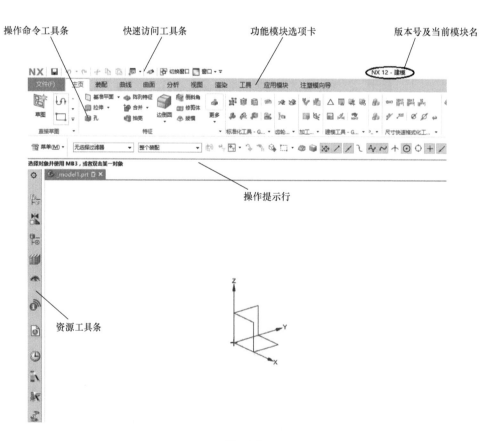

操作提示行

资源工具条

图　1-3

1.1.2　下拉式菜单

单击下拉菜单上的每个选项，都可以调出相应的下拉式级联菜单，如图 1-4 所示。

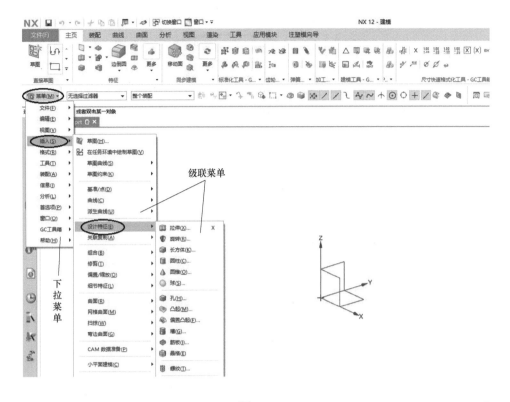

图　1-4

注意：在下拉式菜单中，符号"▼"表示该选项有级联菜单；符号"..."表示该选项有下一级对话框。

1.1.3　操作命令工具条

操作命令工具条中是一组使用者可以用来执行 NX 操作命令的图标，图 1-5 中列出了直接草图、特征、同步建模等几组操作命令的图标。

图　1-5

在命令组的空白处单击鼠标右键，将弹出如图 1-6 所示快捷菜单。单击"从主页选项卡中移除"即可关闭该命令组；也可单击"定制…"，弹出"定制"对话框，在"选项卡 / 条"选项卡中可对选项进行勾选，如图 1-7 所示，也可在"命令"选项卡中增添命令组，如图 1-8 所示。

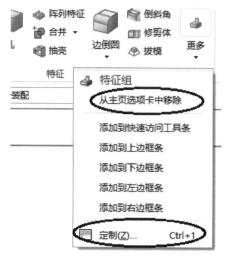

图　1-6

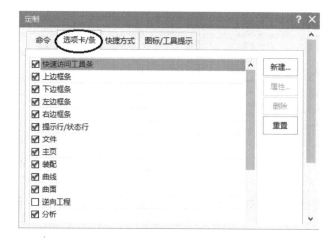

图　1-7

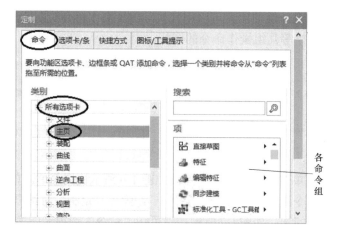

图　1-8

另外，也可以在功能模块选项卡的空白处单击鼠标右键，在弹出的快捷菜单中勾选或消隐各种选项卡，如图 1-9 所示。

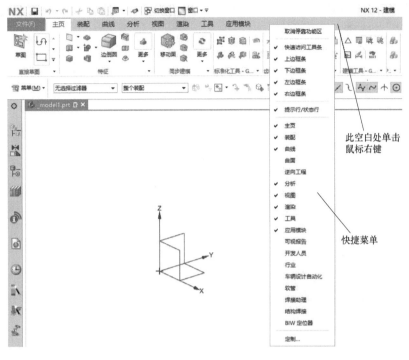

图　1-9

1.1.4　"定制"对话框中的设置

单击右键快捷菜单中的"定制 ..."，出现"定制"对话框；在对话框中单击"图标 / 工具提示"选项卡，可以对菜单的显示、命令组图标的大小以及菜单图标大小进行设置，如图 1-10 所示。

图　1-10

1.1.5 各种参数设置

单击屏幕左上方雪 菜单(M)·图标，弹出下拉菜单，如图 1-11 所示，再单击"首选项"，出现级联菜单，可选择所需要的项目进行参数设置，例如对用户界面、对象、背景等项目进行设置。

1."对象"首选项

单击雪 菜单(M)·图标→"首选项"→"对象"，弹出如图 1-12 所示"对象首选项"对话框。该对话框主要用于设置对象的属性，如颜色、线型和线宽等（新的设置只对以后创建的对象有效，对以前创建的对象无效）。

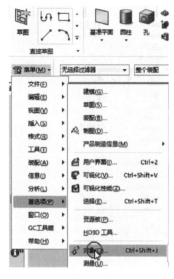

图 1-11

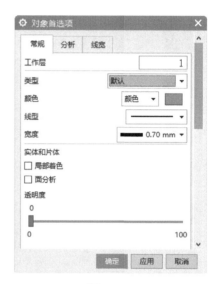

图 1-12

2."背景"首选项

单击雪 菜单(M)·图标→"首选项"→"背景"，弹出"编辑背景"对话框；若要将背景改成白色，则在对话框中的改动如图 1-13 所示。

图 1-13

1.1.6　文件操作

1. 建立一个新的部件文件

单击"文件"→"新建",出现图 1-14 所示"新建"对话框;在对话框中选择建模单位、输入建模文件名、选择文件存放的路径,然后单击"确定"即进入 NX 绘图界面。

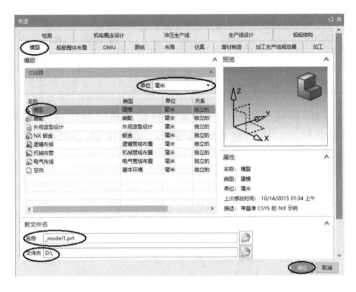

图　1-14

2. 保存部件文件

单击"文件"→"保存",即可保存当前的文件。保存的 NX 文件的扩展名是 PRT。

另外,还可以输出不同的文件类型,例如可以输出供其他绘图软件使用的 STEP、IGES 等类型的文件,如图 1-15 所示。

图　1-15

1.1.7 鼠标键的使用

表 1-1 列出了标准鼠标键的使用。MB1 是鼠标左键、MB2 是鼠标中键（滚轮）、MB3 是鼠标右键。

表 1-1 标准鼠标键的使用

鼠标按键	动　作
MB1	选择菜单、对象和对话框中的选项
MB2	"确定"
MB3	弹出快捷菜单

在图形窗口中，同时按住鼠标左、中两键并移动，将以按住点为基准放大或缩小图形；同时按住右、中两键并移动，可以左右移动图形；按住中键（滚轮）并移动，可以旋转图形；滑动滚轮可以放大或缩小图形。

1.1.8 视图选项

在图形窗口中，单击鼠标右键，弹出视图快捷菜单如图 1-16 所示，可进行各种选择。

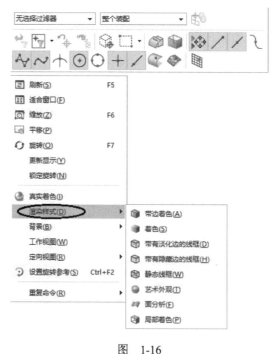

图　1-16

1.2　建模过程重点提示

1）用参数化建模。
①用草图，不用没有相关性的曲线。

② 不要用体素，最多仅作为基本的特征。

③ 不要用"编辑"→"变换"，用特征。

2）用实体建模，曲面作为辅助体来切割实体。

3）最好事先规划好层（Layer）的设置。NX 可用 256 个图层，通常图层的规定见表 1-2，但也不必硬性遵循。

表 1-2　图层

层	对　象
1 ～ 20	实体
21 ～ 40	草图
41 ～ 60	曲线
61 ～ 80	基准
81 ～ 100	片体

4）每完成一个阶段的主要工作，都必须用 Examine Geometry 来检查几何数据的正确性。

1.3　绘制草图的重要提示

1）草图应尽可能简单，以便于约束和修改。

2）一般情况下圆角和斜角不在 Sketch 里生成，而用特征来生成。

3）草图是二维平面曲线，不是三维空间曲线。

4）每个草图最好仅形成一个封闭区域。

5）优先考虑用特征建模。

第2章

常规形状实体建模实例

本章将以 32 个具有各种平面或规则曲面组合而成的实体的建模为例，逐步讲解 NX 12.0 的各种命令以及命令的使用技巧。读者学完前面 5～6 个实例就能基本掌握 NX 12.0 的建模过程及基本的建模命令；学完本章的全部实例，就能熟练地运用 NX 12.0 的各种建模命令绘制由各种平面及规则曲面组合的实体三维图。

2.1 实例 1

绘制图 2-1 所示二维图形的三维实体图。

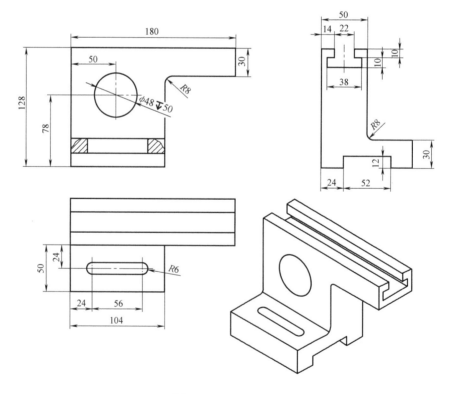

图 2-1

1. 建立文件

1）启动 NX 12.0，出现 NX 操作界面。

　　2）单击视窗上部"新建"按钮，弹出如图 2-2 所示的"新建"对话框，输入文件名及文件的保存路径，并将对话框右上部位的"单位"选定为"毫米"，如图 2-2 所示；单击对话框中的"确定"按钮后，即建立了以实例 1 为名的新文件并进入 NX 12.0 建模界面。

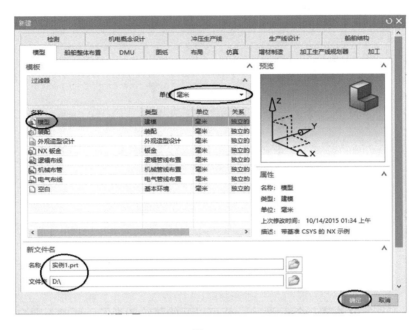

图　2-2

2. 拉伸草图成实体

　　在图 2-3 所示的建模界面中，单击视窗左上角 菜单(M)· 图标→"插入"→"设计特征"→"拉伸"，或直接单击视窗上方工具条中的小图标 ，屏幕弹出图 2-4 所示"拉伸"对话框，点选屏幕中的 Y-Z 基准面，屏幕即出现图 2-5 所示的绘制草图界面。

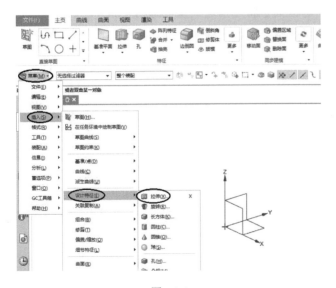

图　2-3

图　2-4

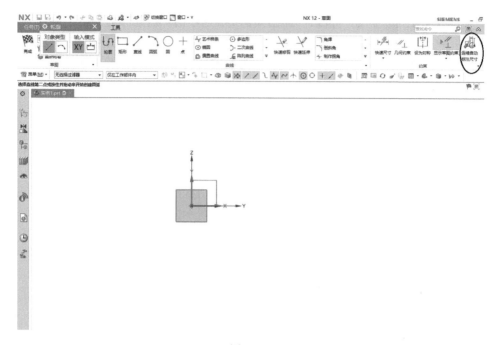

图　2-5

单击草图工具条中的第一个小图标 ⤾ 就可以开始草绘图形了，通常不要自动标注尺寸，所以将草图工具条最右边一个小图标 🔲 关闭（点虚）。

画出如图 2-6 所示草图，注意草图要全约束。单击视窗上方图标 🏁，屏幕又回到"拉伸"对话框；在对话框里将"指定矢量"选为"XC"，拉伸距离输入"180"，如图 2-7 所示，然后单击"应用"按钮，完成拉伸图形，如图 2-8 所示。再点选屏幕中的 X-Z 基准面，又进入绘制草图界面，绘制如图 2-9 所示草图（底色是前面拉伸的实体）；由于草图的长边与高度边与前面拉伸的实体边重合，自然约束了尺寸，所以该两项尺寸不需要标注，否则就是过约束了。在完成草图后出现的"拉伸"对话框中将"指定矢量"选为"YC"，"布尔"选为"相交"，如图 2-10 所示选项，然后单击"应用"按钮，得到如图 2-11 所示图形。

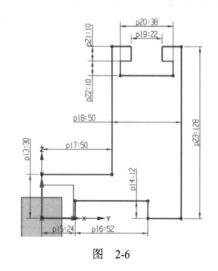

图　2-6

图　2-7

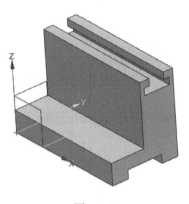

图　2-8

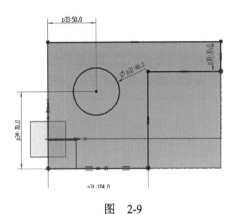

图　2-9

图　2-10

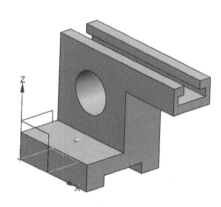

图　2-11

再继续点选 X-Y 基准面，绘制如图 2-12 所示草图（底色是前面拉伸的实体）。在完成草图后出现的"拉伸"对话框中将指定矢量选为"ZC"，"布尔"选为"减去"，如图 2-13所示，然后单击"确定"按钮，得到如图 2-14 所示图形。

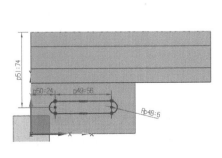

图　2-12

图　2-13

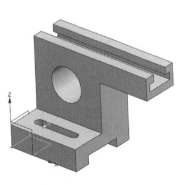

图　2-14

3. 倒圆角

单击 ☰ 菜单(M)· 图标→"插入"→"细节特征"→"边倒圆",或单击工具条中的小图标 🗂,在弹出的"边倒圆"对话框里"半径"输入"8",并选择需要倒圆的边,然后按"确定"按钮,如图 2-15 所示。最后单击"文件"→"保存",完成图 2-1 所示图形的绘制过程。

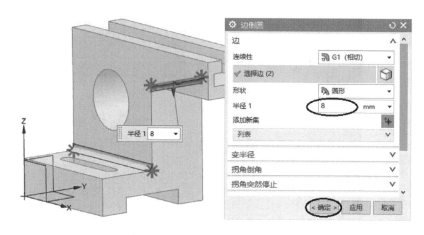

图 2-15

2.2 实例 2

绘制图 2-16 所示二维图形的三维实体图。

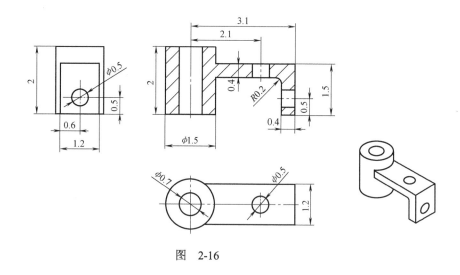

图 2-16

1. 建立文件

启动 NX 12.0 →"新建",出现图 2-17 所示的"新建"对话框,输入文件名及所需存文件的路径,并将对话框中的"单位"选定为"英寸",如图 2-17 所示;单击对话框中的"确定"按钮后,进入建模界面。

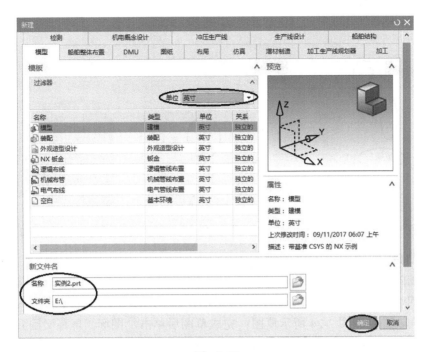

图　2-17

2. 创建圆柱体

单击视窗左上角 ☰ 菜单(M)▾ 图标→"插入"→"设计特征"→"圆柱",弹出图 2-18 所示"圆柱"对话框,按图示输入相应数据,然后单击"确定"按钮,出现图 2-19 所示图形。

图　2-18　　　　　　　　　　　　　　　　　图　2-19

3. 创建长方体

单击视窗左上角 ☰ 菜单(M)▾ 图标→"插入"→"设计特征"→"长方体",弹出图 2-20 所示"块"对话框,输入图示的数据后,单击对话框中的指定点图标⊞,接着弹出图 2-21 所示"点"对话框,输入图示的坐标点值后,单击"确定"→"确定"按钮,出现图 2-22 所示图形。

图 2-20　　　　　　　　图 2-21　　　　　　　　图 2-22

4. 增加凸台

单击视窗左上角 ☰ 菜单(M) ▾ 图标→"插入"→"设计特征"→"拉伸"，或直接单击视窗上方工具条中的小图标 ▥ ，弹出"拉伸"对话框；然后点选图 2-23 所示图形的平面，出现草图绘制界面，并绘制图 2-24 所示草图；完成草图后单击 ▨完成 图标，屏幕又回到"拉伸"对话框，在对话框里修改参数如图 2-25 所示，然后单击"确定"按钮，完成拉伸图形，如图 2-26 所示。

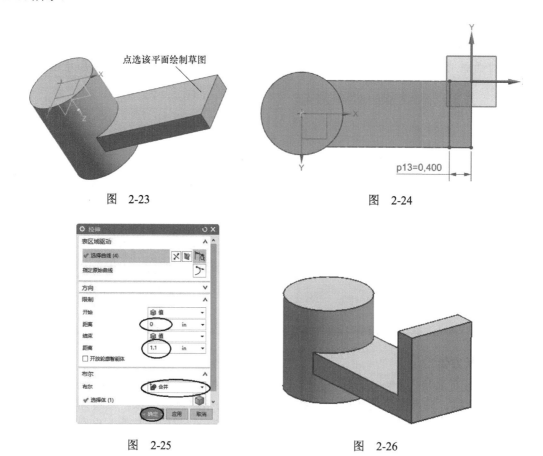

图 2-23　　　　　　　　　　　　　　图 2-24

图 2-25　　　　　　　　　　　　　　图 2-26

5. 打孔

单击 菜单(M)▾图标 → "插入" → "设计特征" → "孔"，或直接单击视窗上方工具条中的小图标，弹出图 2-27 所示"孔"对话框；在对话框中输入图示参数，然后选视图中圆柱的上表面边缘捕捉圆心，单击"应用"按钮，完成圆柱上钻孔的操作。

继续另一个孔的操作。在图 2-28 所示的"孔"对话框中改"直径"为"0.5"，然后选长方形图形的上表面作为孔放置面，此时出现草图界面，标注点的位置尺寸如图 2-29 所示；再单击 图标，在出现的"孔"对话框中单击"应用"按钮，即完成了长方形上平面钻孔的操作，图形如图 2-30 所示。

图　2-27

图　2-28

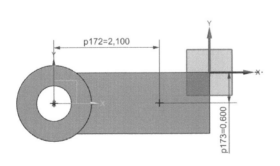

图　2-29

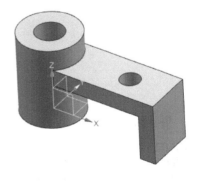

图　2-30

以同样的方法利用"孔"命令，完成侧面钻孔的操作。要注意在"孔"对话框中孔的"深度限制"下拉选项为"直至下一个"，如图 2-31 所示，完成的图形如图 2-32 所示。

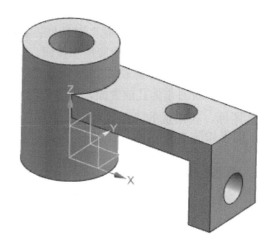

图 2-31　　　　　　　　　　　　　　　图 2-32

6. 边倒圆

单击 ☰ 菜单(M)▾ 图标→"插入"→"细节特征"→"边倒圆"，或单击工具条中的小图标 ，弹出图 2-33 所示"边倒圆"对话框；输入"半径"为"0.2"，点选要倒圆的边，然后单击"确定"，即完成了边倒圆的操作。最后单击"文件"→"保存"。

图　2-33

2.3　实例 3

如图 2-34 所示二维图形，绘制其三维实体图。

1. 拉伸草图成实体

单击 ☰ 菜单(M)▾ 图标→"插入"→"设计特征"→"拉伸"，或直接单击视窗上方工具条中的小图标 ，屏幕弹出"拉伸"对话框；点选屏幕中的 X-Y 基准面，进入草图绘制界面，然后单击草图工具条中的"连续自动标注尺寸"命令图标 （即取消该命令）。

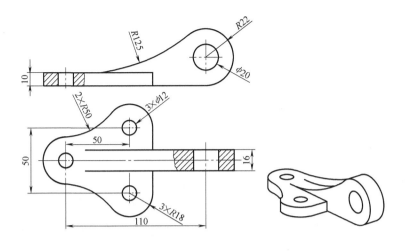

图　2-34

1）在 X-Y 平面绘制图 2-35 所示草图，完成草图后在弹出的"拉伸"对话框里输入拉伸距离为"10"，拉伸矢量选"ZC"，单击"应用"后完成底面图形的绘制。

2）点选 X-Z 平面并绘制图 2-36 所示草图，完成草图后在弹出的图 2-37 所示"拉伸"对话框里输入对称距离为"8"，拉伸矢量选"YC"，单击"确定"后得到如图 2-38 所示图形。

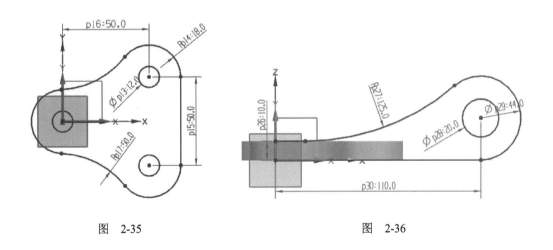

图　2-35　　　　　　　　　　　　　　　　　图　2-36

2. 修剪实体

单击 菜单(M) 图标→"插入"→"修剪"→"修剪体"，或单击工具条中的小图标 ，弹出图 2-39 所示"修剪体"对话框；先点选 X-Z 面上的实体作为修剪的目标体，然后按鼠标中键（代表"确认"），再将选项的类型选择改为"单个面"，然后点选孔作为修剪的工具面，如图 2-39 所示；最后单击"修剪体"对话框中的"确定"按钮，得到图 2-40 所示图形。

图　2-37

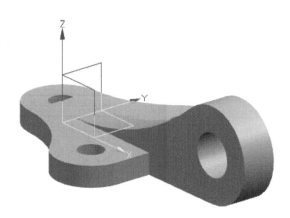

图　2-38

图　2-39

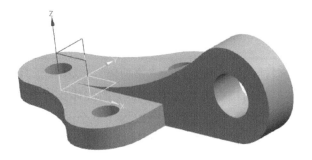

图　2-40

3. 求和

单击 ![菜单(M)] 图标→"插入"→"→"组合体"→"求和",或单击工具条中的小图标 ![图标],出现"求和"对话框;点选图 2-40 所示 X-Y 基准面和 X-Z 基准面上的两个实体,然后单击对话框中的"确定"按钮,完成两个实体相加的操作。

2.4　实例 4

绘制图 2-41 所示二维图形的三维实体图。

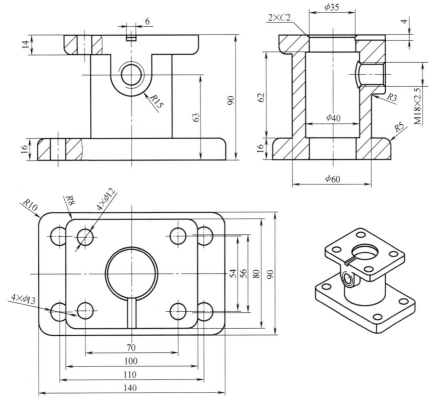

图　2-41

1. 绘制草图

单击 ![菜单(M)] 图标→"插入"→"在任务环境中绘制草图",弹出"创建草图"对话框;点选 X-Y 基准面,然后单击对话框中的"确定"按钮进入草图绘制界面,绘制图 2-42 所示草图。

2. 拉伸成实体

(1)拉伸上盖板　单击 ![菜单] 图标→"插入"→"设计特征"→"拉伸",或直接单击视窗上方工具条中的小图标 ![图标],弹出"拉伸"对话

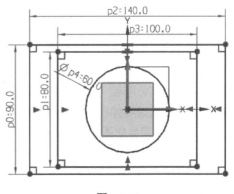

图　2-42

框；输入图 2-43 所示数据，拉伸值从"76"开始至"90"；另外，在视窗选项条上选择"相连曲线"，如图 2-43 所示，然后点选草图的内矩形框线，再单击对话框中的"应用"按钮，拉伸后的图形如图 2-44 所示。

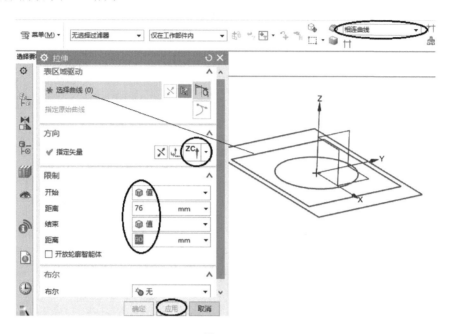

图　2-43

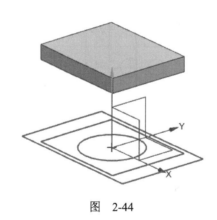

图　2-44

（2）拉伸中间圆柱　以同样的方法拉伸中间圆柱，点选中间圆轮廓线，拉伸设置如图 2-45 所示，单击"应用"按钮后图形如图 2-46 所示。

（3）拉伸底座板　点选外矩形轮廓线，拉伸值改成"0"至"16"，单击对话框中的"确定"按钮完成实体拉伸，图形如图 2-47 所示。

3. 回转草图生成圆柱中间阶梯孔

单击 ☰ 菜单(M)· 图标→"插入"→"设计特征"→"旋转"，或单击工具条中的小图标 ，弹出"旋转"对话框；点选 X-Z 基准平面，进入草图绘制界面，将原实体图线框显示出来，然后绘制如图 2-48 所示草图。

图　2-45

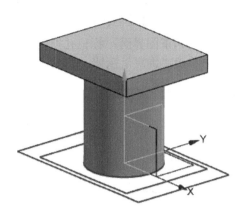

图　2-46

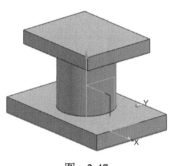

图　2-47

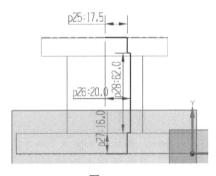

图　2-48

　　单击 完成 图标，屏幕又回到"旋转"对话框，在对话框里将"指定矢量"选为"ZC"，回转角度"360°"，"布尔"下拉选项选择"减去"，如图 2-49 所示；旋转指定点选择如图 2-50 所示，然后单击"确定"按钮，完成中心阶梯孔的创建。

图　2-49

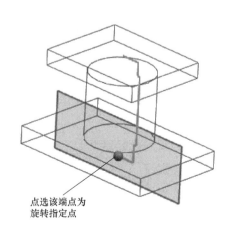

点选该端点为
旋转指定点

图　2-50

4. 绘制底板上的 4×φ13mm 通孔及顶板上的 4×φ12mm 通孔

1）单击 ☰ 菜单(M)·图标"插入"→"设计特征"→"孔"，或单击工具条中的小图标 ，出现图 2-51 所示"孔"对话框；在对话框中输入孔的"直径"值，然后选视图中底板图形的上表面，马上进入草图界面；标记孔点的尺寸如图 2-52 所示，然后单击 图标，回到"孔"对话框，最后单击"确定"按钮，完成底板上 1 个孔的操作。

图 2-51

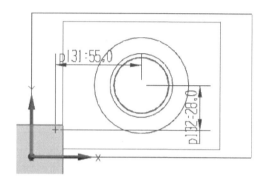

图 2-52

单击 ☰ 菜单(M)·图标→"插入"→"关联复制"→"阵列特征..."，弹出图 2-53 所示"阵列特征"对话框；点选图形中要复制的孔，然后在对话框里输入或选择图 2-53 所示的数据和选项，最后单击"确定"按钮，完成底板上 4 个孔的创建，如图 2-54 所示。

图 2-53

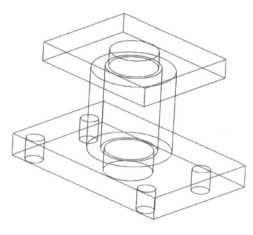

图 2-54

2）单击"插入"→"设计特征"→"孔"，或单击工具条中的小图标 ，出现图 2-55 所示"孔"对话框，在对话框中输入直径和深度限制数据，然后选视图中顶板图形的上表面，马上进入草图界面；标记孔点的尺寸如图 2-56 所示，然后单击图标，回到图 2-55 所示"孔"对话框，单击"确定"按钮，完成顶板上 1 个孔的操作。

　　用同样的方法通过阵列命令，完成顶板上 4 个孔的创建。

图　2-55

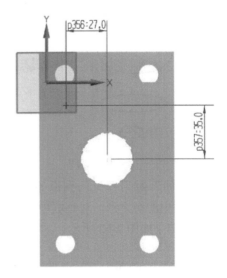

图　2-56

5. 构建侧面实体

　　（1）以侧面为基准绘制草图　单击　菜单(M)▾　图标→"插入"→"在任务环境中绘制草图"，弹出图 2-57 所示"创建草图"对话框；然后点选图形上面的长方体侧面，如图 2-57 所示，再单击"确定"按钮，进入草图绘制界面；绘制图 2-58 所示草图，然后单击图标。

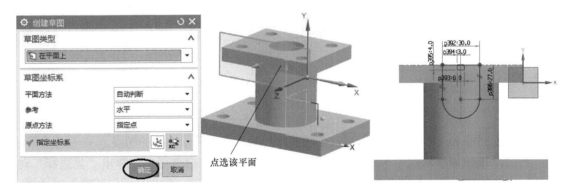

图　2-57

图　2-58

　　（2）拉伸侧面实体　单击　菜单(M)▾图标→"插入"→"设计特征"→"拉伸"，弹出"拉伸"对话框；在视窗上部选项条中下拉选择"相连曲线"，如图 2-59 所示，再选择草图的外围曲线，对话框中的选项如图 2-59 所示，然后单击"应用"按钮，完成侧面实体构建，结果如图 2-60 所示。

图 2-59　　　　　　　　　　　　　　　图 2-60

此时"拉伸"对话框又回到原始状态，在视窗上部选项条中下拉选择"区域边界曲线"，再选草图中的小方形，对话框中的选项如图 2-61 所示，单击"确定"按钮，完成顶部键槽的构建，结果如图 2-62 所示。

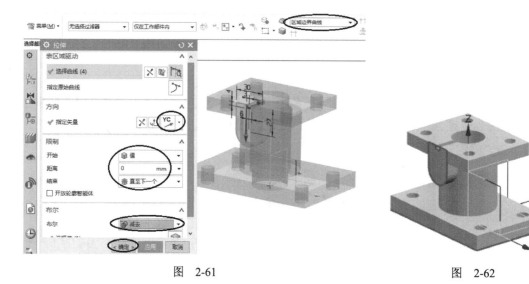

图 2-61　　　　　　　　　　　　　　　图 2-62

为了图面整洁，可将实体移入另一个图层，然后再单独显示实体的图层。

首先单击功能模块选项卡中的"视图"，再单击 移动至图层 图标，弹出"类选择"对话框；点选实体图形，如图 2-63 所示，然后单击"确定"按钮，弹出"图层移动"对话框；在目标图层框中输入"2"，如图 2-64 所示，然后单击"确定"按钮，这样将实体移至第 2 图层。再单击 图层设置 图标，弹出"图层设置"对话框；双击图层"2"，去掉图层"1"的勾选，然后关闭"图层设置"对话框，如图 2-65 所示，此时视窗中的图形如图 2-66 所示。

（3）创建 M18×2.5 螺孔　回到"主页"选项卡（在功能模块选项卡单击"主页"），单击 菜单(M)· 图标→"插入"→"设计特征"→"孔"，或单击工具条中的小图标 ，出现"孔"对话框，对话框中的选项如图 2-67 所示。

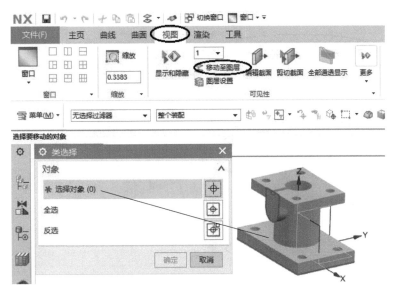

图 2-63

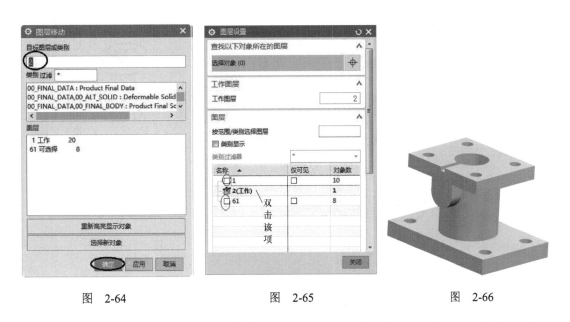

图 2-64　　　　　　图 2-65　　　　　　图 2-66

　　单击雪 菜单(M)·图标→"插入"→"设计特征"→"螺纹",弹出"螺纹"对话框;点选螺纹孔后再点选图形侧面,弹出图2-68所示对话框;单击"确定"后弹出图2-69所示"螺纹"对话框,输入数据如图2-69所示,再单击"确定"按钮,完成螺孔的创建。

6. 倒斜角及倒各个圆角

　　(1) 到斜边　单击雪 菜单(M)·图标→"插入"→"细节特征"→"倒斜角",弹出"倒斜角"对话框;输入图2-70所示数据,然后选图形中要倒斜角的边,再单击"确定"按钮,完成倒斜角的创建。

　　(2) 倒圆角　利用"插入"→"细节特征"→"边倒圆"命令,完成各个圆角的创建。

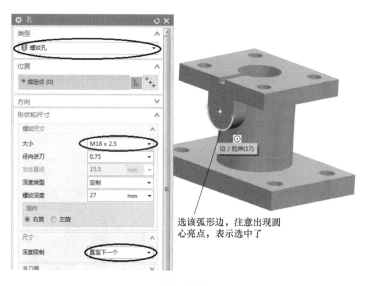

图　2-67

图　2-68

图　2-69

最后创建的图形如图 2-71 所示。

图　2-70

图　2-71

2.5　实例 5

绘制图 2-72 所示二维图形的三维实体图。

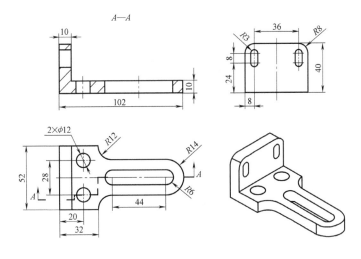

图　2-72

1. 绘制草图

单击 菜单(M)▼ 图标→"插入"→"在任务环境中绘制草图"，弹出"创建草图"对话框；点选 X-Y 基准平面，然后单击"确定"按钮进入草图绘制界面；绘制如图 2-73 所示草图，然后单击 图标完成草图。

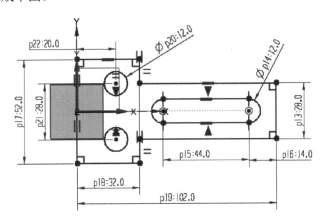

图　2-73

2. 拉伸实体

1）单击 菜单(M)▼ 图标→"插入"→"设计特征"→"拉伸"，或直接单击视窗上方工具条中的小图标 ，弹出"拉伸"对话框；输入图 2-74 所示数据，拉伸值为 0 ～ 40mm，另外，在视窗选项条中选择"区域边界曲线"，然后点选小矩形框区域，如图 2-74 所示，最后单击对话框中的"应用"按钮，完成图形如图 2-75 所示。

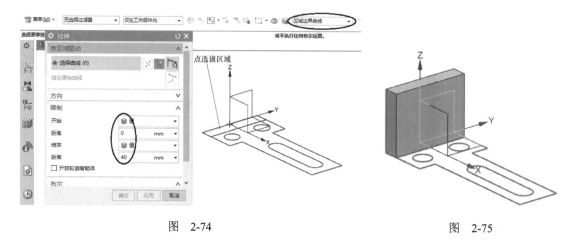

图 2-74   图 2-75

2）再点选图 2-75 中的未拉伸区域，参数选择如图 2-76 所示，然后单击对话框中的"确定"按钮，完成后的实体图形如图 2-77 所示。

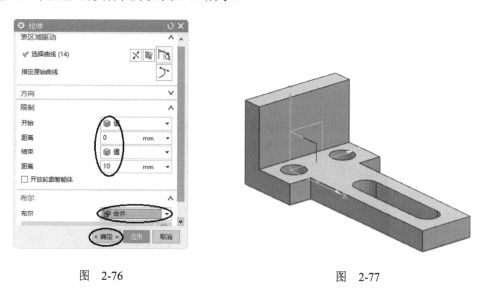

图 2-76   图 2-77

3. 创建键槽

单击 菜单(M)· 图标→"插入"→"设计特征"→"拉伸"，或直接单击视窗上方工具条中的小图标 ；点选 Y-Z 基准面，进入草图绘制界面，绘制如图 2-78 所示草图；然后在草图环境界面单击 菜单(M)· 图标→"插入"→"来自曲线集的曲线"→"镜像曲线"，弹出"镜像曲线"对话框；点选左边草图为镜像曲线，Z 轴为中心线，草图镜像结果如图 2-79 所示；单击 图标完成草图，回到"拉伸"对话框。

在"拉伸"对话框里，选择参数如图 2-80 所示，然后单击"确定"按钮，完成的图形如图 2-81 所示。

为了图面整洁，可将草图移至另外一个层，并关闭该层及图层 61（基准坐标层），操作如下：

1）在功能模块选项卡点选"视图"，如图 2-82 所示，然后单击 移动至图层图标，弹出

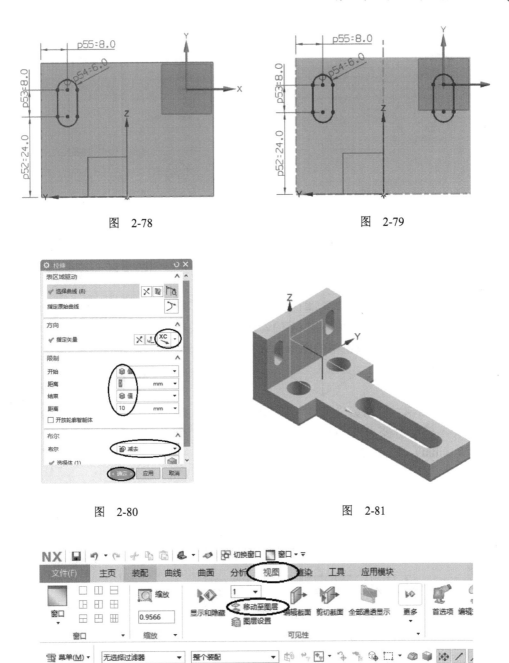

图　2-78

图　2-79

图　2-80

图　2-81

图　2-82

"类选择"对话框；点选图形底面的草图，单击对话框中的"确定"按钮，接着弹出"图层移动"对话框；输入"21"，如图 2-83 所示，单击"确定"按钮将草图移至 21 层，结果如图 2-84 所示。

图 2-83   图 2-84

2）单击图 2-82 所示的 图层设置 图标，弹出如图 2-84 所示"图层设置"对话框，去掉图层 61 的勾选，然后关闭"图层设置"对话框，此时视窗中的图形就只有实体了（草图与基准坐标关闭了）。

4. 边倒圆

在功能模块选项卡再点选"主页"，使用"边倒圆"命令 ，将实体模型所要求的圆角倒圆（2 个 $R8mm$、2 个 $R12mm$ 及 $R14mm$），结果如图 2-85 所示。

图 2-85

2.6 实例 6

绘制图 2-86 所示二维图形的三维实体图。

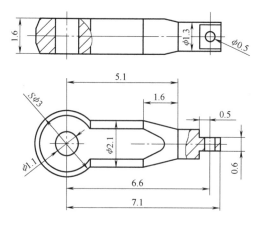

图 2-86

1）进入 NX 建模界面后，单击 ^{菜单(M)}图标→"插入"→"设计特征"→"球"，或单击工具条中的小图标 ，出现"球"对话框；输入图 2-87 所示数据，单击"确定"按钮，此时视图中出现球的图形。

2）单击 ^{菜单(M)}图标→"插入"→"设计特征"→"圆柱"，弹出"圆柱"对话框，选项及数据输入如图 2-88 所示，然后单击"确定"按钮，出现图 2-89 所示图形。

图　2-87

图　2-88

3）单击 ^{菜单(M)}图标→"插入"→"设计特征"→"圆锥"，弹出图 2-90 所示"圆锥"对话框；点选指定矢量"XC"，然后点选指定点，选圆柱图形的上表面圆心，再输入图 2-90 所示数据，"布尔"选择"合并"，最后单击"确定"按钮，完成圆锥体的加入。

图　2-89

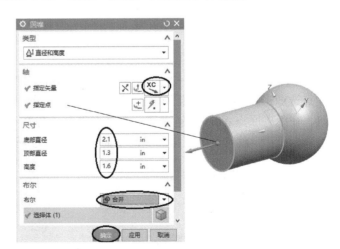

图　2-90

4）使用"拉伸"命令，将圆锥顶面拉伸 1in，参数及选项如图 2-91 所示。

5）修改视窗上部选项条的选项为"特征曲线"（ 特征曲线 ），再点选圆柱顶面；进入草图绘制界面；绘制如图 2-92 所示草图，完成草图后将图形拉伸 1in，完成后图形如图 2-93 所示。

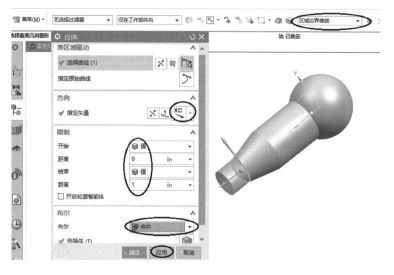

图 2-91

图 2-92

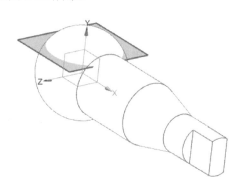

图 2-93

6）单击 菜单(M)▼ 图标→"插入"→"基准 / 点"→"基准平面"，弹出"基准平面"对话框；点选图形中的 X-Z 基准平面，弹出图 2-94 所示对话框，输入偏置距离后单击"确定"按钮，在距离原点 0.8in 处建立了一个基准平面，若看不见新建的基准平面，则将图形"静态线框"显示，就可见到新建的基准平面，如图 2-95 所示。

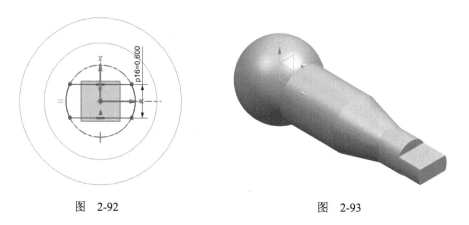

图 2-94

图 2-95

7）单击 菜单(M)▾ 图标→"插入"→"修剪"→"修剪体"，出现"修剪体"对话框；先选实体图形作为目标体，单击鼠标中键后再选新建的基准平面作为刀具，然后单击对话框中的"确定"按钮，此时图形如图 2-96 所示。

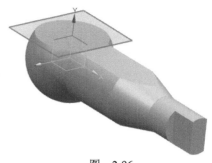

图　2-96

8）单击 菜单(M)▾ 图标→"插入"→"关联复制"→"镜像特征"，弹出"镜像特征"对话框；点选视窗图形中刚修剪出的平面，然后单击鼠标中键（OK），再点选视窗图形中基准坐标系的 X-Z 基准平面，最后单击对话框的"确定"按钮，完成另一个修剪平面的操作。

9）使用"孔"命令 ，在球头平面上创建 ϕ1.1in 的孔，孔的位置可通过捕捉圆弧中心来确定。

10）使用"孔"命令 ，在小圆柱的平面上创建 ϕ0.5in 的孔；当进入草图界面时，孔点的定位尺寸如图 2-97 所示，注意在标注 Y 向为"0"的尺寸时要捕捉到圆台中心。

为了图面整洁，可将新建的基准平面移入图层 62，再将图层 61、62 关闭；也可以点选基准坐标及新建基准平面，然后单击鼠标右键，弹出快捷菜单，点选"隐藏"即可，此时视窗中的图形如图 2-98 所示。

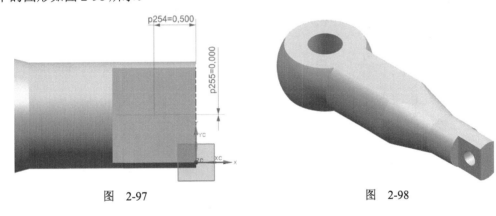

图　2-97　　　　　　　　　　图　2-98

2.7　实例 7

绘制图 2-99 所示二维图形的三维实体图。

1. 主体创建

单击 菜单(M)▾ 图标→"插入"→"设计特征"→"拉伸"，或单击工具条中的小图标 ，在 X-Z 基准平面绘制如图 2-100 所示草图。

在草图环境下，单击 菜单(M)▾ 图标→"插入"→"来自曲线集的曲线"→"镜像曲线"，弹出"镜像"对话框；选取右边的草图曲线，单击鼠标中键（OK），然后选取中间的 Z 轴，再单击对话框中的"确定"按钮，完成图 2-101 所示草图的绘制。

完成后在"拉伸"对话框中输入拉伸距离 5in，单击对话框中的"应用"按钮；选 Y-Z 基准平面并绘制如图 2-102 所示草图；完成草图后又回到"拉伸"对话框，输入数据及选项如图 2-103 所示，最后单击"确定"按钮，完成的图形如图 2-104 所示。

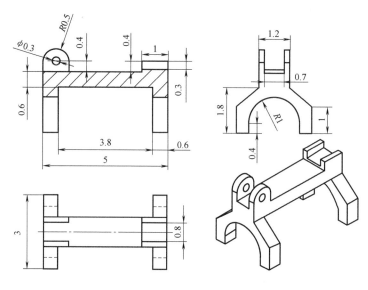

图 2-99

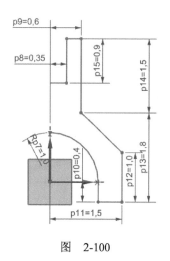

图 2-100   图 2-101

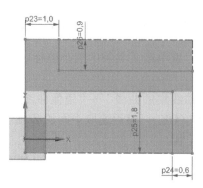

图 2-102

图 2-103

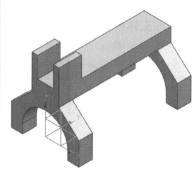

图 2-104

2. 创建槽块

单击 菜单(M)·图标→"插入"→"设计特征"→"拉伸",弹出"拉伸"对话框;点选图 2-105 所示边缘线,在"拉伸"对话框中输入参数如图 2-106 所示,然后单击"应用"按钮,视窗中的图形如图 2-107 所示。

点选该边缘线并拉伸

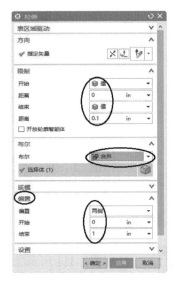

图　2-105

图　2-106

继续点选刚创建的方形垫块的一个侧边缘线,修改"拉伸"对话框参数如图 2-108 所示,然后单击"应用"按钮;再点选方形垫块另一个侧边缘线,参数选择同图 2-108,再单击"确定"按钮,完成的图形如图 2-109 所示。

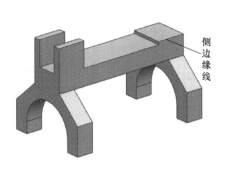

侧边缘线

图　2-107

图　2-108

3. 其他

使用"边倒圆"命令 🧊，完成两个 R0.5in 半圆的操作。

使用"孔"命令 🔩，完成 ϕ0.3in 的通孔操作。最后的图形如图 2-110 所示。

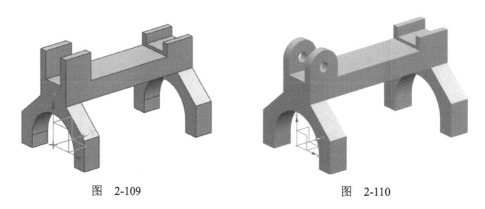

图　2-109　　　　　　　　　　　　　　　图　2-110

2.8　实例 8

绘制图 2-111 所示二维图形的三维实体图。

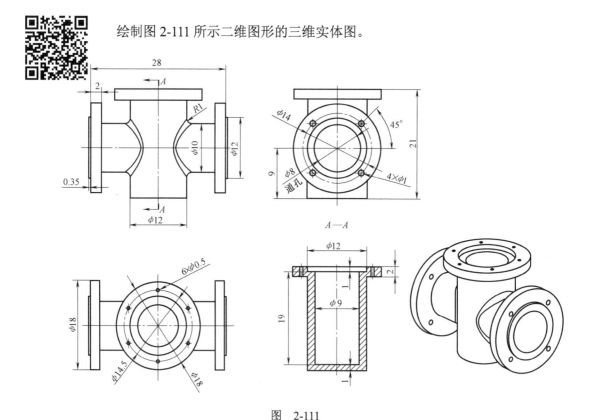

图　2-111

1. 构建圆柱等实体

1）单击 🟦菜单(M) ▾ 图标→"插入"→"设计特征"→"圆柱"，弹出图 2-112 所示"圆柱"对话框；输入圆柱的"直径"和"高度"值，然后单击"确定"按钮，出现图 2-113 所示图形。

图　2-112　　　　　　　　　　　　图　2-113

2）使用"拉伸"命令 ，弹出"拉伸"对话框；点选圆柱顶面（注意视窗上部过滤选项为 [区域边界曲线 ▼] ），在对话框中输入参数如图 2-114 所示，然后单击"确定"按钮，完成的图形如图 2-115 所示。

图　2-114　　　　　　　　　　　　图　2-115

3）再使用"圆柱" 命令，在弹出的图 2-116 所示"圆柱"对话框中选择和输入相应参数，点选"指定点"后出现如图 2-117 所示"点"对话框，输入"ZC"坐标数据，然后单击"确定"→"确定"按钮。此时图形如图 2-118 所示。

4）使用"拉伸" 命令，在刚建好的圆柱上增加直径为 $\phi18mm$、高为 2mm 的圆台；然后在"拉伸"对话框中按图 2-119 所示修改参数，在刚建好的圆台上增加直径为 $\phi12mm$、高为 0.35mm 的圆台，结果如图 2-120 所示。

图 2-116

图 2-117

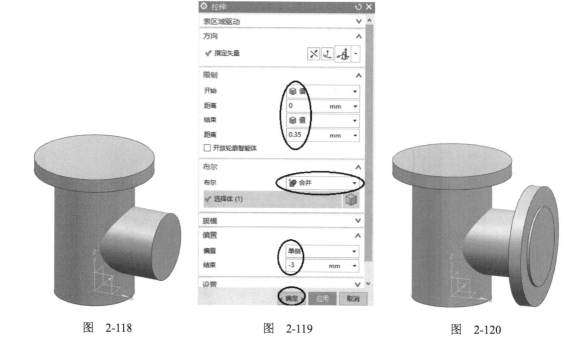

图 2-118 图 2-119 图 2-120

2. 构建孔

1）使用"孔" 🔩 命令，弹出"孔"对话框；输入孔的直径 0.5mm 及孔的深度（"贯通体"），然后选择顶面作为钻孔表面，进入草图界面；为看得清楚，将原实体图线框显示，标注孔点的位置尺寸如图 2-121 所示，单击 🎯图标→"确定"，完成孔操作。

2）单击雪 菜单(M)·图标→"插入"→"关联复制"→"阵列特征"，弹出图 2-122 所示"阵列特征"对话框；点选图形上的小孔，选择如图 2-122 所示选项及数据，再点选圆台的圆心为"指定点"，单击"确定"按钮，完成上表面 6 个小孔的复制操作，结果如图 2-123 所示。

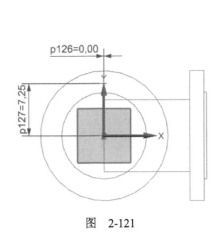

图　2-121　　　　　　　　　　　　图　2-122

3）再次使用"孔" ![icon]命令，弹出"孔"对话框；输入孔的直径 1mm 后，鼠标移至钻孔面，稍稍移动，当中心出现基准坐标时，如图 2-124 所示，则单击钻孔面，进入草图界面；标注定位尺寸如图 2-125 所示，尺寸可直接输入"7*sin（45）"，则自动算出 4.95mm，单击![icon]图标→"确定"，完成侧面孔操作。

图　2-123　　　　　　　　　　　　图　2-124

4）使用"阵列特征" ![icon]命令，按照顶面复制孔的方法，对话框中的选项如图 2-126 所示，完成侧面 4 个小孔的复制操作。

3. 镜像

单击![icon] 菜单(M)·图标→"插入"→"关联复制"→"镜像几何体"，弹出"镜像体"对话框；点选右半部分的圆柱和圆台，然后单击中键（OK 键），再点选 Y-Z 基准平面（若看不到基准面，则在部件导航器里右击"基准坐标系"→"显示"），最后单击"确定"按钮，完成镜像体的操作，图形如图 2-127 所示。

使用"合并"![icon]命令，将创建的 3 个圆柱、圆台相加成一个实体。

4. 钻孔及倒圆角

1）钻顶面孔。使用"孔" ![icon]命令，在打开的对话框中输入参数，如图 2-128 所示。

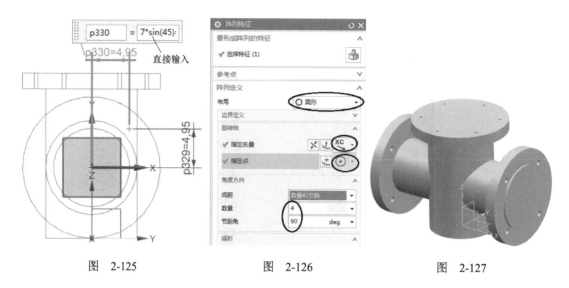

图　2-125　　　　　　　　图　2-126　　　　　　　　图　2-127

2）使用"孔" ![图标]命令构建侧面 ϕ8mm 通孔。

3）使用"边倒圆" ![图标]命令，完成两段 R1mm 圆角及两段 R0.5mm 圆角，完成的图形如图 2-129 所示。

图　2-128　　　　　　　　　　　　　　图　2-129

2.9　实例 9

绘制图 2-130 所示二维图形的三维实体图。

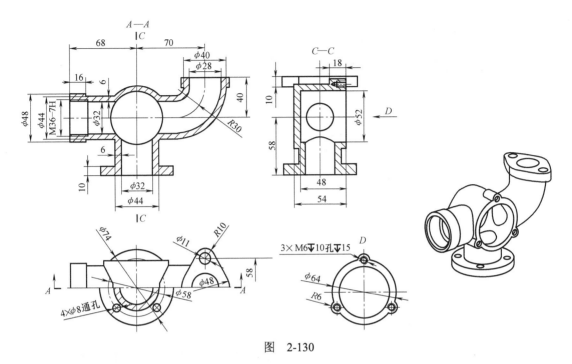

图　2-130

1. 创建管道

（1）绘制草图　单击 菜单(M)·图标→"插入"→"在任务环境中绘制草图"，点选 X-Z 基准面，然后单击对话框中的"确定"按钮，进入草图绘制界面；绘制如图 2-131 所示草图（注意水平直线是由两段构成），然后单击 完成 图标完成草图。

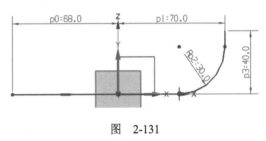

图　2-131

（2）扫掠成管道　单击 菜单(M)·图标→"插入"→"扫掠"→"管"，弹出"管"对话框；输入图 2-132 所示数据，另外，视窗上部过滤选项选择 单条曲线 ，然后点选左边一段水平直线，单击"应用"，此时左边出现了一段管道；再改动对话框中的参数，如图 2-133 所示，然后点选右边水平直线、圆弧及竖直线，再单击"确定"，完成管道构建，结果如图 2-134 所示。

图　2-132

图　2-133

图　2-134

（3）创建基座管道 使用"圆柱"命令，在弹出的"圆柱"对话框中输入图 2-135 所示数据，完成后图形如图 2-136 所示。

图 2-135   图 2-136

使用"圆柱"命令，在弹出的"圆柱"对话框中输入图 2-137 所示数据，完成后图形如图 2-138 所示。

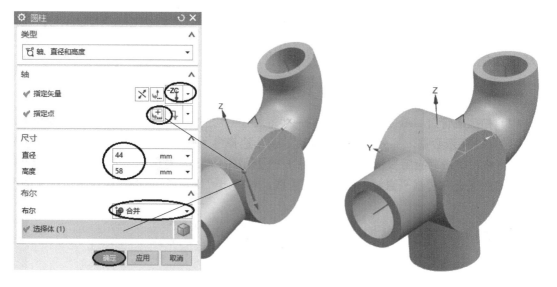

图 2-137   图 2-138

使用"拉伸" 命令，弹出"拉伸"对话框；点选竖直圆柱的底面边缘圆弧线，输入图 2-139 所示数据，然后单击"确定"按钮，完成的图形如图 2-140 所示。

使用"孔" 命令，弹出"孔"对话框；数据及参数如图 2-141 所示，点选大圆柱的中心，然后单击对话框中的"确定"按钮，完成中心孔的构建；再改动参数如图 2-142 所示，点选竖直圆柱的底面中心，然后单击"确定"按钮，完成孔的创建，图形如图 2-143 所示。

图　2-139

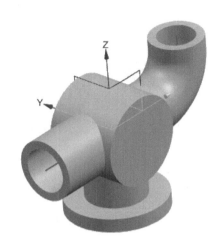

图　2-140

图　2-141

图　2-142

单击 ≦ 菜单(M)·图标→"插入"→"修剪"→"修剪体",或单击工具条中的小图标 ,弹出"修剪体"对话框;点选中间的圆柱体作为目标,单击中键"OK"后再点选管道内孔表面（$\phi 32$mm 内孔和 $\phi 28$mm 内孔,以及两个不同直径孔相接的孔端面）,另外,视窗上部过滤选项选择 相切面 ,然后单击对话框中的"应用"按钮,完成对圆柱体的横向孔修剪。

再以横向弯管为目标,以 $\phi 52$mm 孔柱面和孔底面以及竖直圆柱内孔面为工具,对弯管进行修剪,完成后的图形见图 2-144。

2. 创建接口面

（1）螺纹接口　使用"拉伸"命令,将左边管道边缘环形线往里拉伸 16mm 并偏置 2mm,完成后图形如图 2-145 所示。

使用 ≦ 菜单(M)·图标→"插入"→"设计特征"→"螺纹"命令,在弹出"螺纹切削"对话框后点选左边管道孔,然后输入图 2-146 所示数据,再单击"确定"按钮,完成螺纹的创建,结果如图 2-147 所示。

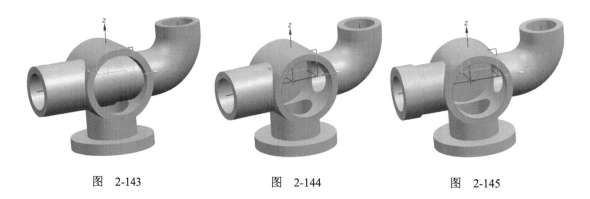

图 2-143   图 2-144   图 2-145

图 2-146

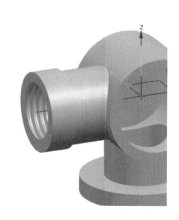

图 2-147

（2）端面螺孔 使用"圆柱"命令，弹出"圆柱"对话框；参数选择如图 2-148 所示，然后点选端面圆的最高点，再单击"确定"按钮，完成一个螺孔座的构建，如图 2-149 所示。

图 2-148

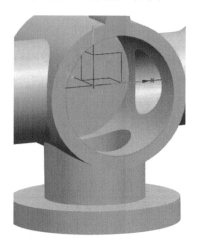

图 2-149

使用"孔"命令，弹出"孔"对话框；输入参数如图 2-150 所示，然后点选小圆柱的中心，再单击"确定"按钮，完成螺孔的构建。

图　2-150

使用  菜单(M)▾ 图标→"插入"→"关联复制"→"阵列特征"命令，弹出"阵列特征"对话框；点选小圆柱及螺孔，输入参数如图 2-151 所示，然后单击"确定"按钮。完成后的图形如图 2-152 所示。

图　2-151

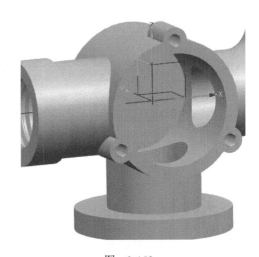

图　2-152

（3）弯管顶面连接盘　使用"拉伸"命令，在弯管顶面绘制草图如图 2-153 所示，完成草图后回到"拉伸"对话框，输入数据如图 2-154 所示，单击对话框中的"确定"按钮，完成后图形如图 2-155 所示。

（4）底座 4 个通孔　使用"孔"命令和"阵列特征"命令，完成底座上 4 个 ϕ8mm 通孔的创建，最后的图形如图 2-156 所示。

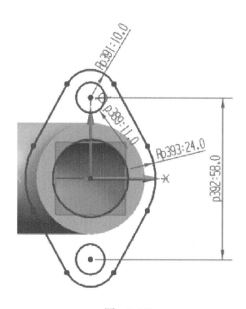

图　2-153

图　2-154

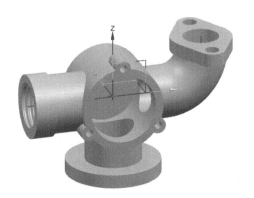

图　2-155

图　2-156

2.10　实例 10

绘制图 2-157 所示二维图形的三维实体图。

1. 拉伸草图成实体

使用"拉伸" 📁 命令，在进入草图界面后，绘制如图 2-158 所示草图；完成草图后，在"拉伸"对话框输入拉伸距离 2in，完成拉伸后，图形如图 2-159 所示。

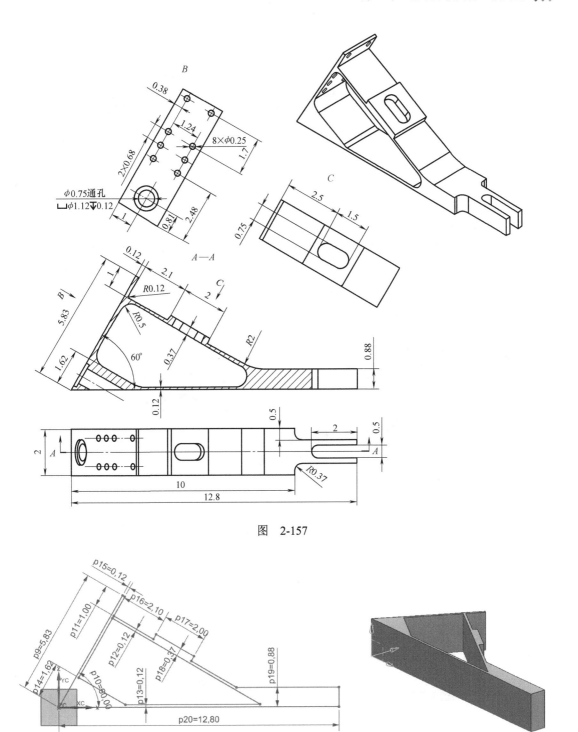

图　2-157

图　2-158

图　2-159

2. 开槽

1）使用"拉伸"命令，在图形底面绘制如图 2-160 所示草图，然后拉伸成片体，如图
2-161 所示。

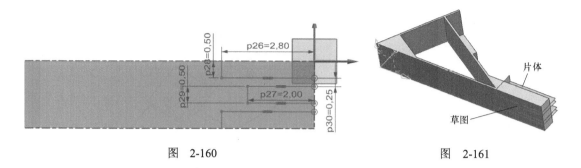

图 2-160 图 2-161

2）使用"修剪体" 命令，将实体修剪成如图 2-162 所示图形。

3）为使图形简洁，单击选项卡"视图"，再单击 移动至图层 图标，将片体移至另外图层，例如 100 层；然后单击 图层设置 图标，在"图层设置"对话框中去掉 100 层前的勾选，即关闭了 100 层；再使用"边倒圆" 命令，按照 R0.37in 和 R0.25in 尺寸倒圆刚开的槽，结果如图 2-163 所示。

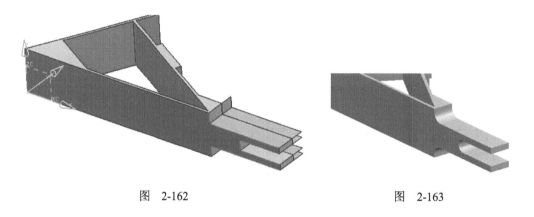

图 2-162 图 2-163

使用"拉伸"命令，绘制键槽草图，拉伸并"减去"（或使用"键槽" 命令），开键槽如图 2-164 所示。

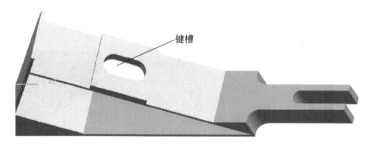

图 2-164

3. 构建孔

（1）创建小孔及沉头孔 使用"孔" 命令，创建 ϕ0.25in 孔；同样使用"孔"命令创建沉头孔，注意当出现"孔"对话框时，选项及数据输入如图 2-165 所示，其他操作与创建普通孔的操作相同，完成后的图形如图 2-166 所示。

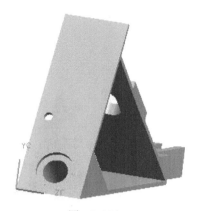

图　2-165　　　　　　　　　　　　　　图　2-166

（2）复制孔　单击 菜单(M)·图标→"插入"→"关联复制"→"阵列特征"，弹出图 2-167 所示"阵列特征"对话框；点选图形上的小孔后单击鼠标中键，再选图 2-168 所示方向 1 指定矢量，在对话框中输入数据后，再选方向 2 指定矢量并输入数据，最后单击对话框中的"确定"按钮，完成 6 个小孔的线性排列复制操作，图形如图 2-169 所示。

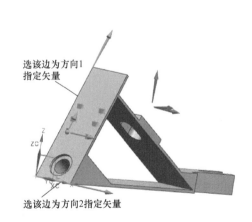

选该边为方向1
指定矢量

选该边为方向2指定矢量

图　2-167　　　　　　　　　　　　　　图　2-168

再次使用"阵列特征" 命令，弹出的"阵列特征"对话框如图 2-170 所示，然后选上面两个小孔，注意在选择时要将鼠标在孔上停留几秒，出现三个小点后再单击鼠标，弹出"快速拾取"对话框，选第 2 项即可选中要复制的孔，如图 2-171 所示；选项及数据如图 2-170 所示，方向 2 前的勾选要去掉；单击对话框中的"确定"按钮，完成最上面两个孔的复制操作。

最后使用"边倒圆"命令将所有具有圆角的部位倒圆，最后形成如图 2-172 所示实体图形。

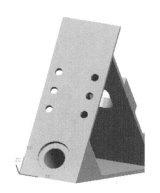

图 2-169

图 2-170

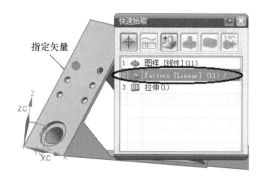

指定矢量

图 2-171

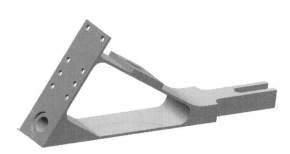

图 2-172

2.11 实例 11

绘制图 2-173 所示二维图形的三维实体图。

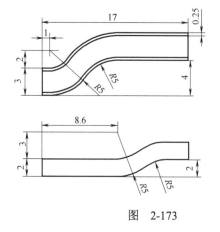

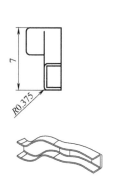

图 2-173

1. 拉伸实体

1）使用"拉伸"命令，在 X-Z 基准面绘制如图 2-174 所示草图，完成草图后在"拉伸"对话框中输入如图 2-175 所示数据及选项，单击"应用"按钮后，完成如图 2-176 所示图形。

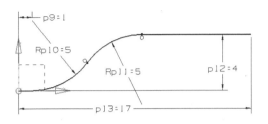

图　2-174

图　2-175

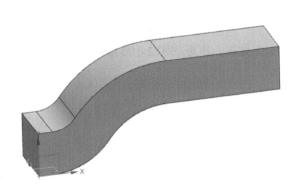

图　2-176

2）继续在 X-Y 基准面绘制如图 2-177 所示草图，完成草图后回到"拉伸"对话框，输入数据及选项如图 2-178 所示，单击对话框中的"确定"按钮，完成实体构建。

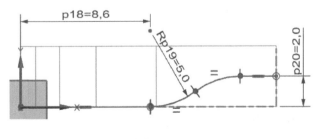

图　2-177

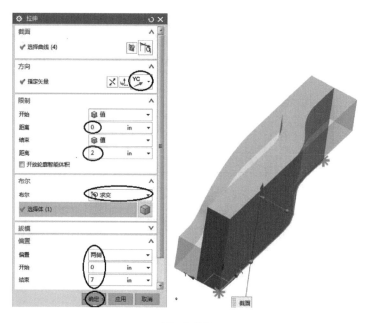

图 2-178

2. 抽壳及倒圆角

使用 _{菜单(M)} 图标→"插入"→"偏置 / 缩放 "→"抽壳"，或单击工具条中的小图标，出现"抽壳"对话框；选择实体上需要开槽的 3 个表面，再输入图 2-179 所示数据，然后单击"确定"按钮，出现如图 2-180 所示图形。

图 2-179

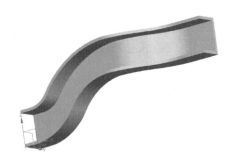

图 2-180

最后使用"边倒圆" 命令，完成槽内、外棱角的倒圆操作。

2.12 实例 12

绘制图 2-181 所示二维图形的三维实体图。

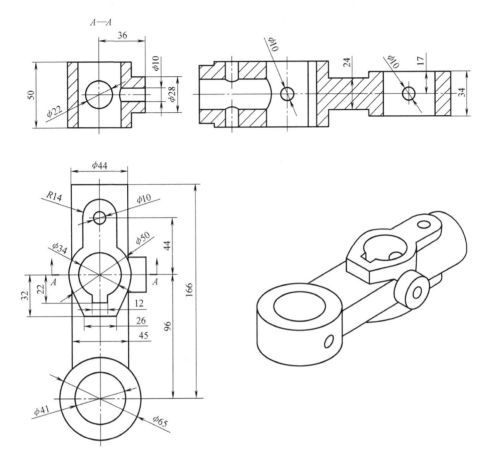

图　2-181

1. 拉伸草图成实体

1）单击 菜单(M)·图标→"插入"→"在任务环境中绘制草图"，弹出"创建草图"对话框；点选 X-Y 基准平面，然后单击对话框中的"确定"按钮，进入草图绘制界面，绘制图 2-182 所示草图。

2）使用"拉伸"命令，弹出"拉伸"对话框；然后将视窗上部的过滤选项选为"区域边界曲线"，如图 2-183 所示，再点选草图中的 ϕ65mm 圆环，接着修改"拉伸"对话框中的参数如图 2-184 所示，然后单击"应用"按钮。

3）不退出对话框，选择图形中间部分，如图 2-185 所示的封闭曲线区域，修改对话框中的参数如图 2-186 所示，再次单击"应用"按钮。

4）选择草图剩余的区域，对话框中的参数类似，只是修改"距离"的值为"25"，单击"确定"按钮，图形如图 2-187 所示。

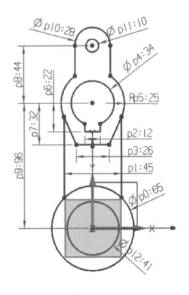

图　2-182

图 2-183

图 2-184

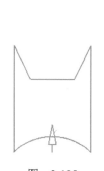

图 2-185

图 2-186

图 2-187

2. 创建顶部带孔圆柱体结构

1）使用"拉伸"命令，选 X-Z 基准平面，绘制图 2-188 所示草图；完成草图后在"拉伸"对话框中输入数据及选项如图 2-189 所示，单击"确定"按钮，完成顶部圆柱体构建。

2）使用"孔" 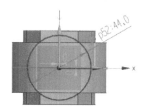 命令，孔的直径为 ϕ22mm，"深度限制"为"直至选定"，选定的对象是键槽孔的内圆弧面，如图 2-190 所示，完成顶部圆柱内孔操作。

图 2-188

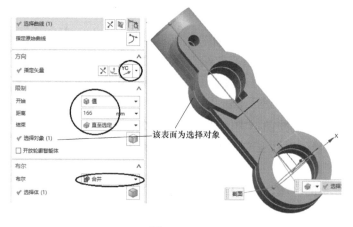

图 2-189

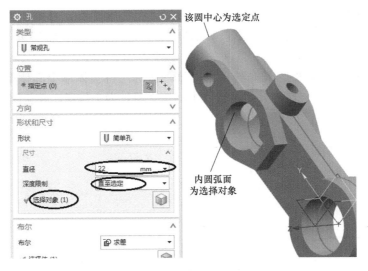

图　2-190

3. 创建右侧圆柱体及孔

1）使用"拉伸"命令，选 Y-Z 基准平面，绘制图 2-191 所示草图；完成草图后在"拉伸"对话框中输入数据及选项，如图 2-192 所示，"选择对象"为圆弧面，单击"确定"按钮，完成右侧圆柱体构建。

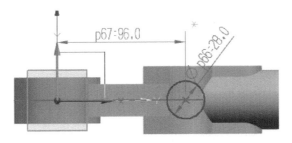

图　2-191

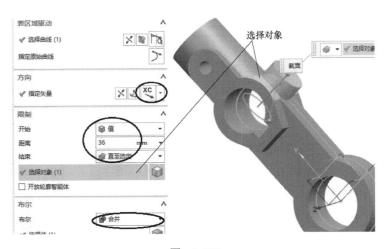

图　2-192

2）完成右侧圆柱体 ϕ10mm 内孔操作。使用"孔"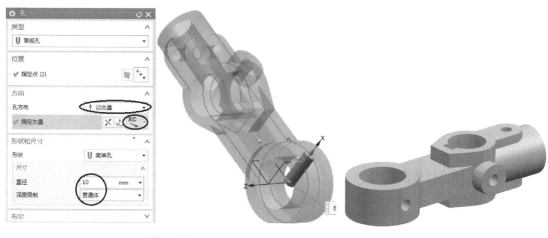命令，在弹出"孔"对话框后，点选孔中心点为基准坐标系的中心点，对话框中的数据及选项如图 2-193 所示，然后单击"确定"按钮，完成孔操作。

3）单击选项卡"视图"，再单击 移动至图层 图标，将实体移至其他图层，例如 2 层，然后单击 图层设置 图标，在打开的对话框中将第 2 层设为工作层，并关闭其他图层，最终的图形如图 2-194 所示。

图 2-193　　　　　　　　　　　　　　　　图 2-194

2.13　实例 13

绘制图 2-195 所示二维图形的三维实体图。

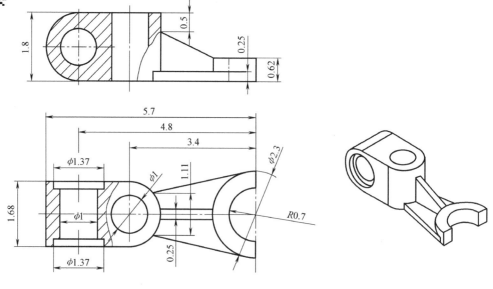

图 2-195

1. 拉伸主视图成实体

1）单击 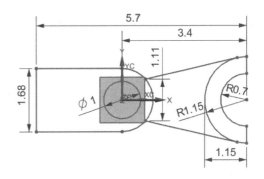 菜单(M)·图标→"插入"→"在任务环境中绘制草图"，弹出"创建草图"对话框；点选 X-Y 基准平面，然后单击对话框中的"确定"按钮，进入草图绘制界面，绘制图 2-196 所示草图。

2）使用"拉伸"命令，之后点选草图中的左半封闭图形区域（选前视窗上部的过滤选项为"区域边界曲线" [区域边界曲线 ▼]），在"拉伸"对话框中选拉伸矢量和输入拉伸距离如图 2-197 所示，然后单击"应用"按钮。

图　2-196

3）不退出对话框，选择如图 2-196 所示草图的中间封闭曲线，并修改对话框中的参数如图 2-198 所示，再次单击"应用"按钮。

图　2-197

图　2-198

4）不退出对话框，将对话框中的拉伸结束距离改为 0.62in，布尔选择"合并"，单击"确定"按钮，此时视窗中的图形如图 2-199 所示。

2. 构建中间加强筋

使用"拉伸"命令，再选 X-Z 基准平面，进入草图绘制界面；再单击 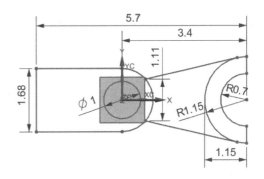 菜单(M)·图标→"插入"→"配方曲线"→"相交曲线"，弹出图 2-200 所示"相交曲线"对话框，然 后点选实体图形的高圆弧面、底板上表面、低圆弧面，出现与 X-Z 基准面相交的 3 条交线，如图 2-201 所示，然后单击"确定"按钮。

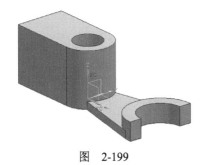

图　2-199

图　2-200

在 3 条交线的基础上绘制一条斜线构成封闭图形，如图 2-202 所示；完成草图后回到"拉伸"对话框，选项修改如图 2-203 所示，单击"确定"按钮，完成筋板的创建。

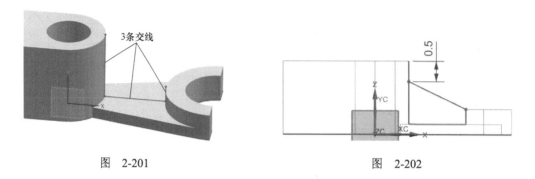

图 2-201　　　　　　　　　　　　　　　图 2-202

由于加强筋与两个圆弧面之间有间隙，不能利用布尔运算"求和"成一体，需要将加强筋与圆弧的两个接触面进行偏置。

点选两个圆柱实体，然后单击鼠标右键，出现快捷菜单后点选"隐藏"，如图 2-204 所示，此时图形只剩下加强筋及草图。

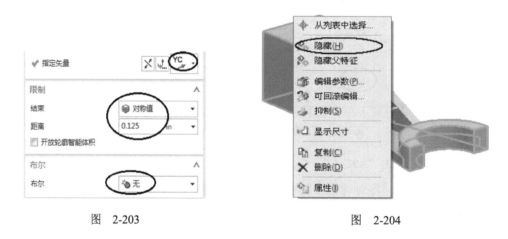

图 2-203　　　　　　　　　　　　　　　图 2-204

单击 菜单(M) · 图标→"插入"→"偏置 / 缩放"→"偏置面"，弹出图 2-205 所示"要偏置的面"对话框；先点选一个需要偏置的面，输入偏置量，再单击"应用"按钮，完成一个面的偏置操作；以同样方法，再完成另一个面的偏置操作。

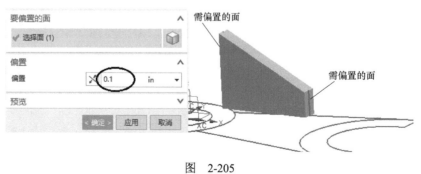

图 2-205

按 Ctrl ＋ Shift ＋ U 键，恢复原图形，再通过布尔运算"合并" ，将所有实体合成一体，图形如图 2-206 所示。

3. 倒圆角及钻孔

使用"边倒圆"命令，完成左侧 0.9in 倒圆，结果如图 2-207 所示。

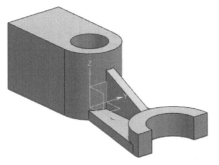

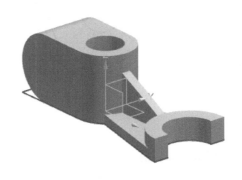

图　2-206　　　　　　　　　　　　　　　　　图　2-207

使用"孔" 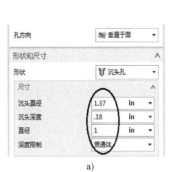命令，选取左侧特征的正面，对"孔"对话框进行如图 2-208a 所示的设置，单击"应用"按钮，完成一侧沉头孔的操作。

再改动对话框的参数如图 2-208b 所示，然后捕捉沉头孔的另一端通孔的中心，再单击"确定"按钮，完成对面一侧的沉头孔操作。

将实体以外的其他对象移到其他图层，并将该图层关闭；这时视窗图形如图 2-209 所示。

a)　　　　　　　　　　　　b)

图　2-208　　　　　　　　　　　　　　　图　2-209

2.14　实例 14

绘制图 2-210 所示二维图形的三维实体图。

1. 绘制草图

单击 菜单(M) ·图标→"插入"→"在任务环境中绘制草图"，选择 X-Y 基准平面并绘制图 2-211 所示草图。

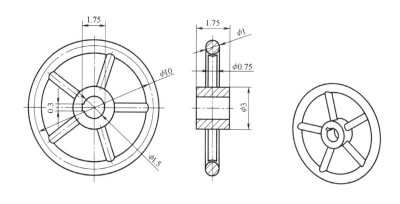

图　2-210

2. 创建拉伸特征

使用"拉伸"命令，另将视窗上部的过滤选项修改为"区域边界曲线" ⊙▫ ▫区域边界曲线　▾，再点选草图上 ϕ3in 圆和 ϕ1.5in 圆之间的区域，对话框选项和数据如图 2-212 所示，然后单击"确定"按钮，此时视窗图形如图 2-213 所示。

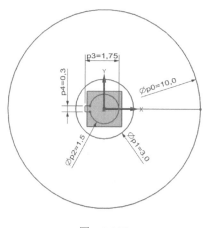

图　2-211

图　2-212

3. 创建管道特征

单击 菜单(M)▾ 图标→"插入"→"扫掠"→"管"，选取大圆弧作为管道中心线路径的曲线，修改"管"对话框中的参数如图 2-214 所示，然后单击"应用"按钮，完成大圆弧管道的创建。

不退出对话框，再次选取直线作为管道中心线路径的曲线，修改对话框的数据及选项如图 2-215 所示，"布尔"设为"合并"，选中间圆台，然后单击"确定"按钮，完成直线管道的创建。

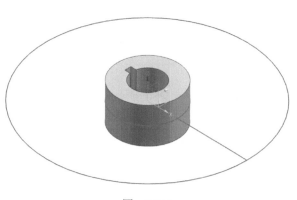

图　2-213

图　2-214　　　　　　　　　　　　　图　2-215

单击菜单(M)·图标→"插入"→"关联复制"→"阵列特征"，弹出"阵列特征"对话框；数据及选项设置如图 2-216 所示，阵列中心点选坐标系原点（0，0，0），这时视窗图形如图 2-217 所示。

图　2-216

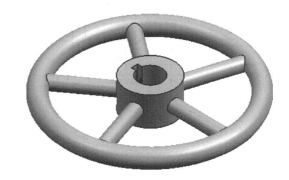

图　2-217

2.15　实例 15

绘制图 2-218 所示二维图形的三维实体图。

1. 创建圆柱体

单击菜单(M)·图标→"插入"→"设计特征"→"圆柱"，弹出"圆柱"对话框；输入数据及选项如图 2-219 所示，然后单击对话框的"指定点"选项，输入点位置坐标如图 2-220 所示，最后单击"确定"→"确定"，完成圆柱体的构建。

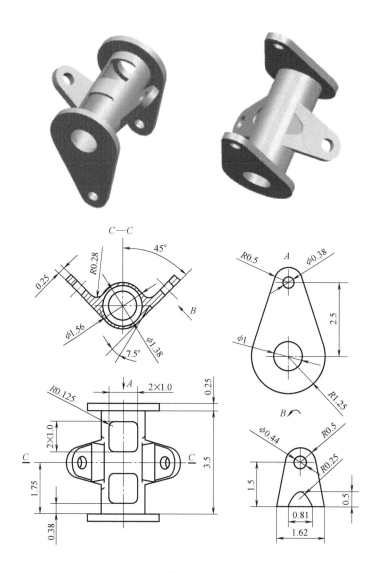

图 2-218

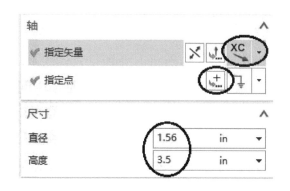

图 2-219

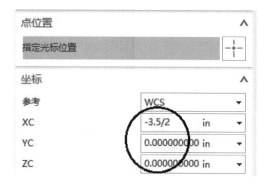

图 2-220

2. 构建两翼

单击 菜单(M)·图标→"插入"→"基准 / 点"→"基准平面",或直接单击基准平面图标 ,弹出"基准平面"对话框;先点选 X-Y 基准平面,然后点选 X 基准轴,输入图 2-221 所示数据,单击"确定"按钮,这样就新建立了与基准平面成 45°的新基准平面,如图 2-222 所示。

图　2-221

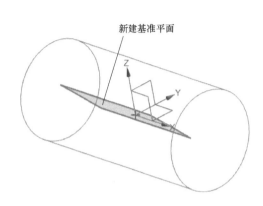

图　2-222

单击 菜单(M)·图标→"插入"→"在任务环境中绘制草图",然后选新建的基准平面并绘制如图 2-223 所示草图。

使用"拉伸"命令,弹出"拉伸"对话框后将视窗上部的过滤选项选为"相连曲线" ;先拉伸外轮廓线及圆孔,拉伸数据如图 2-224 所示,完成翼实体构建;再单击选项条小图标为 ,然后拉伸缺口曲线内区域成实体,拉伸数据如图 2-225 所示。此时图形如图 2-226 所示。

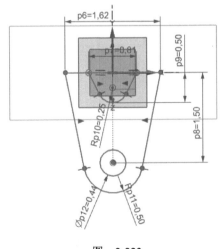

图　2-223

图　2-224

右击圆柱出现快捷菜单,选"隐藏",将圆柱及翼隐藏掉。

单击 菜单(M)·图标→"插入"→"细节特征"→"拔模",弹出对话框;两次点选固定底面,然后单击鼠标中键(表示 OK),再点选要拔模的面,然后输入拔模角度"7.5°",单击

"确定"按钮，如图 2-227 所示，完成拔模操作。

图   2-225   图   2-226

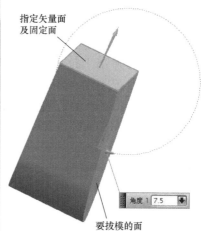

图   2-227

按 Ctrl+Shift+U 键，恢复原隐藏的图形。

单击☰ 菜单(M)·图标→"插入"→"关联复制"→
"镜像特征"，将翼相对于 X-Z 基准面镜像。

单击☰ 菜单(M)·图标→"插入"→"关联复制"→
"镜像几何体"，将小凸块相对于 X-Z 基准面镜像。

单击☰ 菜单(M)·图标→"插入"→"组合"→"减
去"，弹出对话框；选圆柱体为目标体，选两个小凸
台为工具体，单击"确定"按钮，此时视窗中的图形
如图 2-228 所示。

使用"孔"命令，完成圆柱中间 ϕ1.38in 通孔的

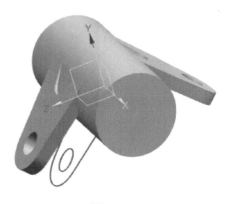

图   2-228

创建。

3.构建两端面盘体

使用"拉伸"命令，并选 Y-Z 基准平面画草图，如图 2-229 所示；在"拉伸"对话框输入数据及选项，如图 2-230 所示，单击"应用"按钮，完成一个端面盘体的构建。

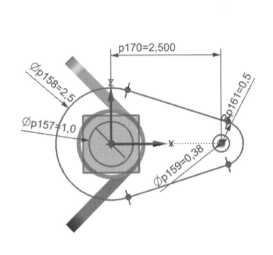

图　2-229

图　2-230

再点选 X-Y 基准面，绘制如图 2-231 所示草图；完成草图后修改对话框中的数据如图 2-232 所示，单击"确定"按钮，得到的图形如图 2-233 所示。

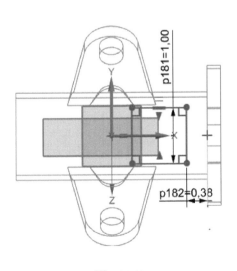

图　2-231

图　2-232

使用"边倒圆"命令，将方孔四角倒圆 $R0.125in$。

使用"镜像特征"命令，将盘体和方孔相对于 Y-Z 基准面镜像。

将实体移至独立图层，关闭其他图层，最终图形如图 2-234 所示。

图　2-233　　　　　　　　　　　图　2-234

2.16　实例 16

绘制图 2-235 所示二维图形的三维实体图。

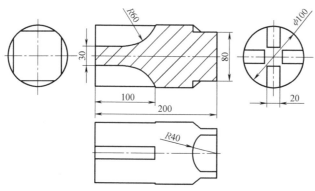

图　2-235

1. 创建圆柱体

使用 ☰ 菜单(M)▾ →"插入"→"设计特征"→"圆柱"
命令，沿 X 轴方向建立直径为 100mm、长度为 200mm
的圆柱，这时图形如图 2-236 所示。

2. 创建实体顶部凹槽

单击 ☰ 菜单(M)▾ 图标→"插入"→"在任务环境中绘制
草图"，选 X-Z 基准平面，进入草图绘制界面；再单击
☰ 菜单(M)▾ 图标→"插入"→"配方曲线"→"相交曲线"，
弹出图 2-237 所示"相交曲线"对话框，然后点选实体
图形的圆柱面和侧面，出现与 X-Z 基准面相交的 2 条交
线，并绘制其他曲线，如图 2-238 所示，然后单击"确
定"按钮。

图　2-236

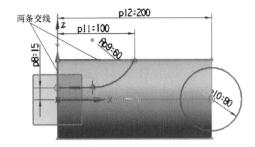

图　2-237　　　　　　　　　　　　　图　2-238

使用"拉伸"命令，当拉伸 ϕ80mm 圆曲线时，对话框的数据如图 2-239 所示；拉伸键槽曲线时（选曲线前注意修改过滤选项为 反映边界曲线 ），对话框中的数据如图 2-240 所示。完成拉伸后视窗中的图形如图 2-241 所示。

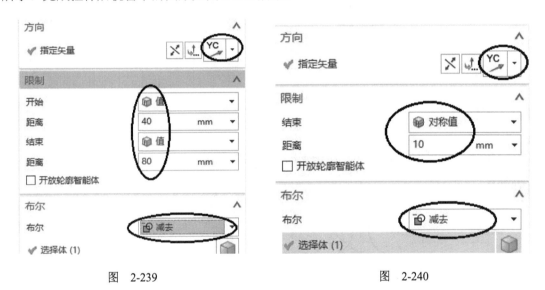

图　2-239　　　　　　　　　　　　　图　2-240

使用 菜单(M) →"插入"→"关联复制"→"阵列几何特征"命令，然后点选键槽和半圆缺口为特征，其他选项如图 2-242 所示，指定点为坐标系原点（0，0，0），单击"确定"按钮后同时完成键槽和半圆缺口的阵列复制。

图　2-241

将实体移至一单独图层，并关闭其余图层，完成后图形如图 2-243 所示。

图 2-242   图 2-243

2.17 实例 17

绘制图 2-244 所示二维图形的三维实体图。

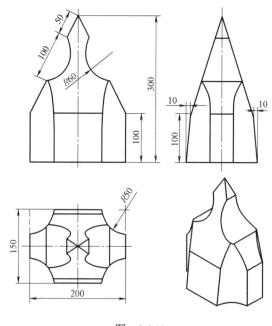

图 2-244

　　使用"拉伸"命令，然后选 X-Y 基准平面并画草图，如图 2-245 所示，拉伸方向为"ZC"，拉伸开始距离为"0"，结束距离为"300"，得到的图形如图 2-246 所示。

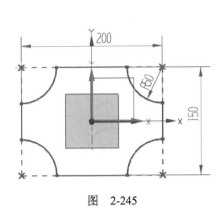

图 2-245

图 2-246

再次使用"拉伸"命令，在 X-Z 基准平面绘制如图 2-247 所示草图，然后在草图环境下镜像草图曲线（"插入"→"来自曲线集的曲线"→"镜像曲线"），如图 2-248 所示；拉伸方向为"YC"，拉伸对称值为"75"，"布尔"选择"求交"，完成后图形如图 2-249 所示。

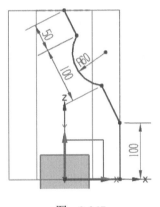

图 2-247

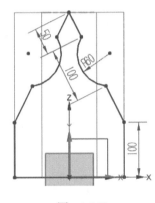

图 2-248

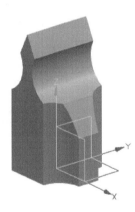

图 2-249

第三次使用"拉伸"命令，在 Y-Z 基准平面绘制如图 2-250 所示草图，拉伸方向为"XC"，拉伸对称值为"100"，"布尔"选择"相交"，完成后图形如图 2-251 所示。

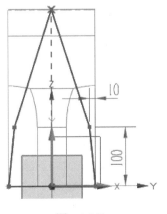

图 2-250

图 2-251

2.18 实例 18

绘制图 2-252 所示二维图形的三维实体图。

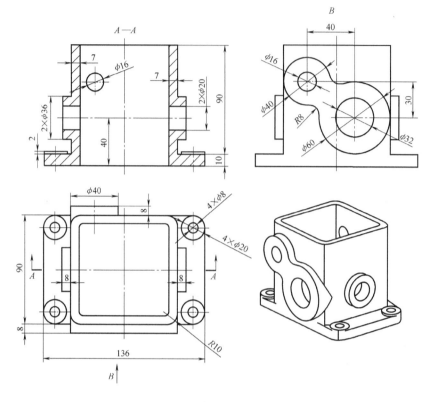

图　2-252

单击 ▣ 菜单(M)·图标→"插入"→"设计特征"→"长方体",在弹出的"块"对话框中输入数据,如图 2-253 所示,单击"确定"按钮,创建的 136mm×90mm×10mm 长方体如图 2-254 所示。

图　2-253

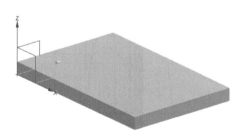

图　2-254

利用"拉伸"命令，在长方体上表面绘制草图如图 2-255 所示；拉伸高度为 90mm，布尔运算为"合并"，图形如图 2-256 所示。

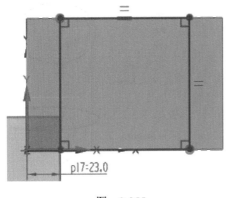

图　2-255

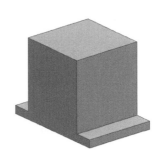

图　2-256

利用"拉伸"命令，在长方体上表面绘制草图如图 2-257 所示，最后往下拉伸至贯通，并作"减去"布尔运算，图形结果如图 2-258 所示。

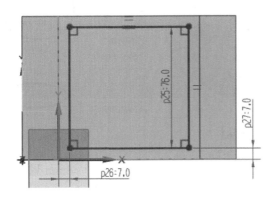

图　2-257

图　2-258

使用"边倒圆"命令，对外轮廓锐角倒 R10mm 圆角，方形孔内倒 R3mm 圆角，结果如图 2-259 所示。

使用"拉伸"命令，在侧面（X-Z 基准平面）绘制如图 2-260 所示草图；在"拉伸"对话框中输入数据及选项如图 2-261 所示，选择对象为 R10mm 圆弧面，完成后图形如图 2-262 所示。

使用"拉伸"命令，创建水平面上 ϕ20mm、高 2mm 凸台，侧面 ϕ40mm、高 8mm 凸台，两侧面对称 ϕ36mm、高 7mm 凸台，图形如图 2-263 所示。

图　2-259

注意拉伸侧面 ϕ40mm、高 8mm 凸台时，对话框选项如图 2-264 所示，"直至选定"对象的面选择为圆弧面。

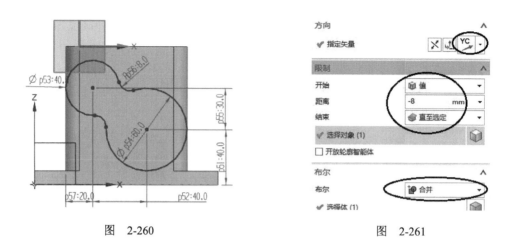

图　2-260　　　　　　　　　　　　　　　　　图　2-261

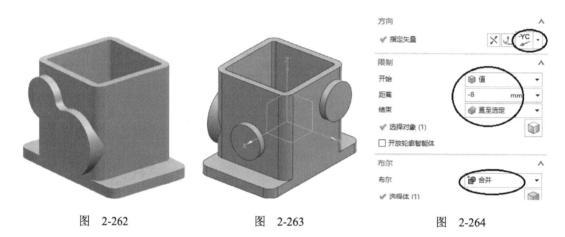

图　2-262　　　　　　　图　2-263　　　　　　　图　2-264

使用"孔"命令，完成 2 个 ϕ20mm 通孔、2 个 ϕ16mm 通孔、1 个 ϕ8mm 通孔及 1 个 ϕ32mm 孔的创建。

使用"阵列特征"命令，完成底面上小凸台的复制，如图 2-265 和图 2-266 所示。

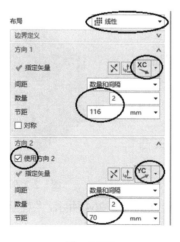

图　2-265

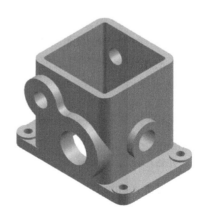

图　2-266

2.19　实例 19

绘制图 2-267 所示二维图形的三维实体图。

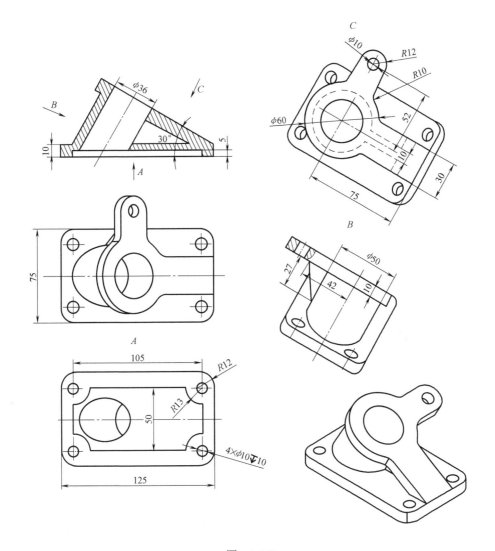

图　2-267

在导航器里右键单击"基准坐标系"→"隐藏",关闭图
形窗口里的基准坐标系。

单击 ▤ 菜单(M) ▾ 图标→"格式"→"WCS"→"显示",图
形窗口里即出现三坐标轴。

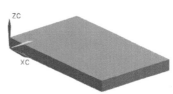

图　2-268

使用 ▤ 菜单(M) ▾ →"插入"→"设计特征"→"长方体"命
令,创建 125mm×75mm×10mm 长方体,如图 2-268 所示。

单击 ▤ 菜单(M) ▾ 图标→"格式"→"WCS"→"原点",弹出对话框后,鼠标点选长方体短
边的中点,然后单击对话框中的"确定"按钮,从而将坐标系原点移至长方体短边的中点。

单击🔲 菜单(M)·图标→"格式"→"WCS"→
"旋转",将坐标系绕 Y 轴旋转 60°,如图 2-269、
图 2-270 所示。

单击🔲 菜单(M)·图标→"插入"→"在任务环境
中绘制草图",弹出"创建草图"对话框;选项
如图 2-271 所示,单击"指定点"图标📍,弹出
图 2-272 所示"点"对话框,"类型"选择"自
动判断的点",然后鼠标捕捉新坐标系的原点,
再单击"确定"→"确定"按钮,进入与长方体上平面成 30°的平面,然后绘制如图 2-273
所示草图。

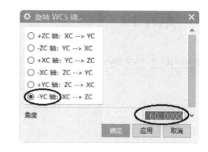

图 2-269

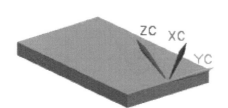

图 2-270

图 2-271

图 2-272

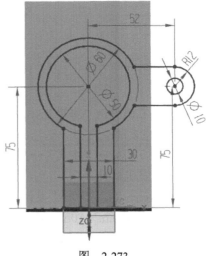

图 2-273

完成草图后，使用"拉伸"命令，先拉伸中间区域，对话框选项如图 2-274 所示，注意选区域前修改过滤选项为 区域边界曲线，拉伸结果如图 2-275 所示。

图　2-274

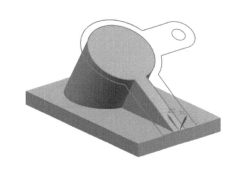

图　2-275

再拉伸草图另一区域，对话框中的选项如图 2-276 所示，结果如图 2-277 所示。

图　2-276

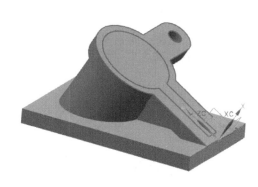

图　2-277

　　再利用"拉伸"命令，单击"拉伸"对话框中如图 2-278 所示图标，弹出"创建草图"对话框；选项如图 2-279 所示，单击"指定点"图标，弹出"点"对话框，"类型"选择"自动判断的点"，然后鼠标捕捉新坐标系的原点，再单击"确定"→"确定"按钮，进入新坐标系的 X-Y 基准面；绘制如图 2-280 所示草图，拉伸参数选择如图 2-281 所示，单击"确定"按钮后完成侧面小加强筋的创建。

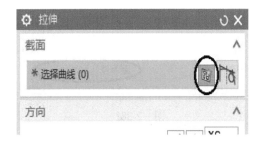

图　2-278

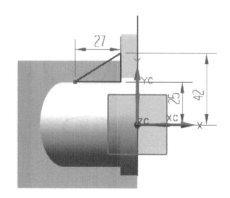

图　2-279　　　　　　　　　　　　　　图　2-280

由于刚创建的小加强筋与圆柱之间有间隙，所以使用菜单(M)▾→"插入"→"偏置／缩放"→"偏置面"命令，将加强筋的长直角面向圆柱方向偏置 1mm，即可用布尔"求和"与其他实体合成一个整体。

使用"拉伸"命令，选长方体底面并绘制如图 2-282 所示草图，然后向长方体内拉伸 5mm，"布尔"选择"减去"，如图 2-283 所示，从而创建长方体底部的空腔。

图　2-281　　　　　　　　　　　　　　图　2-282

使用"孔"命令，完成 ϕ36mm 中心大孔及底板 4 角 ϕ10mm 小孔的创建。

使用"边倒圆"命令，完成斜块 4 处 R10mm 圆角及底板 4 角 R12mm 圆角创建。

最后的图形如图 2-284 所示。

図 2-283

図 2-284

2.20 实例 20

绘制图 2-285 所示二维图形的三维实体图。

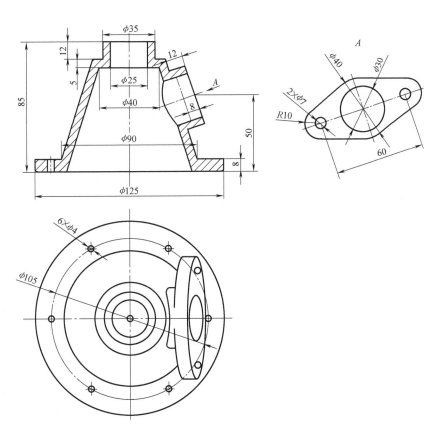

图 2-285

单击 菜单(M)·图标→"插入"→"设计特征"→"旋转",弹出"旋转"对话框;点选 X-Z 基准面,绘制如图 2-286 所示草图,完成草图后回到对话框;旋转指定矢量为"ZC", 旋转指定点点选(0,0,0),如图 2-287 所示,再单击"确定"按钮,完成图形如图 2-288 所示。

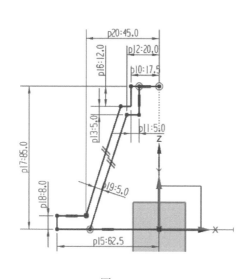

图　2-286

图　2-287

单击 菜单(M)·图标→"插入"→"基准/点"→"基准平面",或直接单击基准平面图标 □,弹出"基准平面"对话框;再点选圆锥面,然后输入图 2-289 所示数据,最后单击"确 定"按钮,完成新基准平面的建立,如图 2-290 所示。

单击 菜单(M)·图标→"插入"→"基准/点"→"点",弹出"点"对话框;输入数据如图 2-291 所示,然后单击"确定"按钮,在距图形中心高 50mm 处完成一个点的构建。

图　2-288

图　2-289

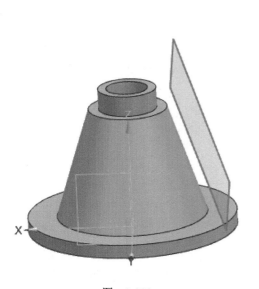

图　2-290

图　2-291

单击 菜单(M) 图标→"插入"→"派生曲线"→"投影"，弹出图 2-292 所示"投影曲线"对话框；然后点选中心点，中键确认后再点选新的基准平面，再单击"确定"按钮，完成新基准平面上点的创建，如图 2-292 所示。

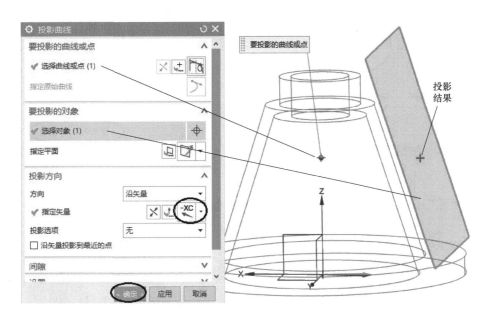

图　2-292

使用"在任务环境中绘制草图"命令，弹出图 2-293 所示"创建草图"对话框；点选新基准平面为指定平面，再单击指定点图标 ，弹出"点"对话框；点选新创建的点，然后单击"确定"→"确定"，进入绘制草图界面，绘制如图 2-294 所示草图。

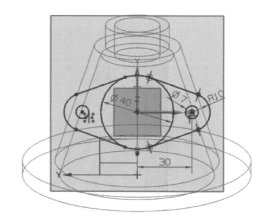

图 2-293 图 2-294

使用"拉伸"命令,弹出"拉伸"对话框;选项如图 2-295 所示,选区域前修改过滤选项为 ⬛ 区域边界曲线 ▼,然后点选中间圆形,再单击"应用"按钮,回到"拉伸"对话框;再选两翼区域,对话框选项修改如图 2-296 所示,最后单击"确定"按钮完成边翼的创建。隐藏草图和基准平面后图形如图 2-297 所示。

图 2-295 图 2-296

使用"孔"命令,完成 $\phi30mm$ 及 $\phi4mm$ 孔的创建,如图 2-298 所示。

图 2-297 图 2-298

使用"阵列特征"命令，将底盘上 φ4mm 孔复制成 6 个，从而完成整个图形。

2.21　实例 21

绘制图 2-299 所示二维图形的三维实体图。

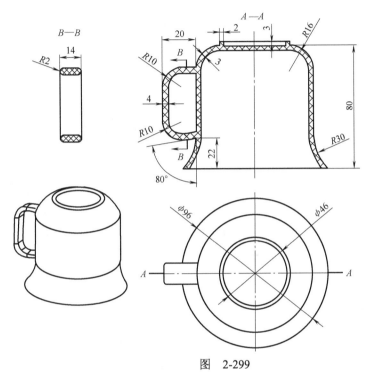

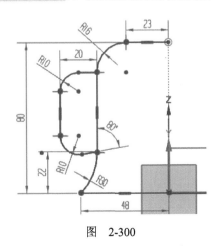

图　2-299

使用"在任务环境中绘制草图"命令，选择 X-Z 基准平面并绘制如图 2-300 所示草图。

单击 菜单(M) 图标→"插入"→"设计特征"→"旋转"，弹出"旋转"对话框；输入数据及选项如图 2-301 所示，旋转曲线选杯体曲线（注意选曲线前修改过滤选项为 相连曲线 ），指定点选坐标系原点，单击"确定"按钮，完成旋转实体的构建。

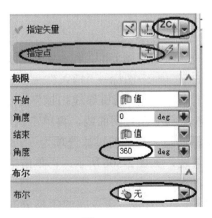

图　2-300　　　　　　　　　　　图　2-301

单击 ☰ 菜单(M)·图标→"插入"→"偏置 / 缩放"→"抽壳",弹出图 2-302 所示"抽壳"对话框;选回转体上表面为穿透面,输入抽壳厚度 3mm,再单击"确定"按钮,图形如图 2-303 所示。

图 2-302

图 2-303

单击 ☰ 菜单(M)·图标→"插入"→"在任务环境中绘制草图",弹出"创建草图"对话框;选项如图 2-304 所示,确定"指定平面"时,点选手柄草图线的根部,出现基准平面,然后在草图线上点选两点作为基准的法线,如图 2-304 所示,再点选 Y 轴作为水平指定矢量,"草图原点"为"指定点",再次点选手柄草图线的根部,然后连续单击"确定"→"确定"

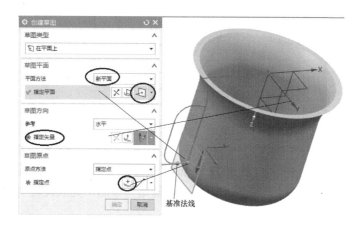

图 2-304

按钮,进入绘制草图界面,绘制如图 2-305 所示草图。

单击 ☰ 菜单(M)·图标→"插入"→"扫掠"→"沿引导线扫掠",弹出"沿引导线扫掠"对话框;先点选图 2-306 所示草图封闭曲线,再单击鼠标中键,然后点选手柄曲线(点选前过滤选项为 相切曲线 ▼)作为引导线,如图 2-306 所示,再单击"确定"按钮,完成手柄实体创建。

使用"边倒圆"命令完成手柄 R2mm 倒圆,再利用"偏置"命令,将手柄两端表面向杯体偏置

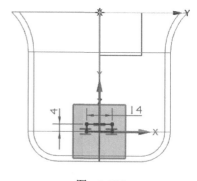

图 2-305

1mm，然后使用"合并"命令将杯体和手柄合成一个实体。

　　使用"拉伸"命令，选杯子底部平面与弧面的相贯线为拉伸曲线，在对话框中输入数据及选项如图 2-307 所示，完成杯底圆环支撑圈的构建，最后的图形如图 2-308 所示。

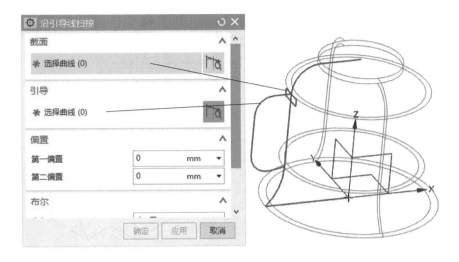

图　2-306

图　2-307

图　2-308

2.22　实例 22

　　绘制图 2-309 所示二维图形的三维实体图。

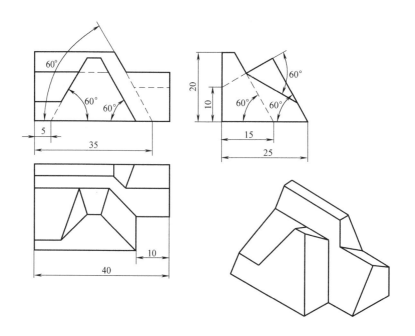

图　2-309

建立新部件文件，单位为"毫米"，然后进入建模模块。

单击 菜单(M)·图标→"插入"→"在任务环境中绘制草图"，选择 Y-Z 基准平面并绘制如图 2-310 所示草图。

使用"拉伸"命令，拉伸各个区域，注意选区域前修改过滤选项为 区域边界曲线 。

第一步，拉伸距离为 40mm，单击对话框中的"应用"按钮后，显示图形如图 2-311 所示。

第二步，拉伸距离为 35mm，"布尔"为"合并"，单击"应用"按钮后图形如图 2-312 所示。

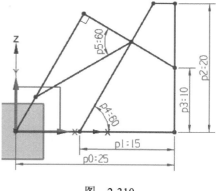

图　2-310

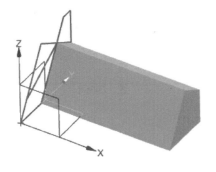

图　2-311

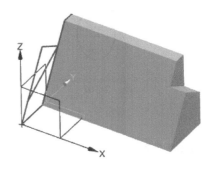

图　2-312

第三步，拉伸距离为 30mm，"布尔"为"合并"，单击"应用"按钮后图形如图 2-313所示。

第四步，拉伸区域为草图左上方的三角形，拉伸距离为 5mm，"布尔"为"减去"，单击"确定"按钮后，视窗中的图形如图 2-314 所示。

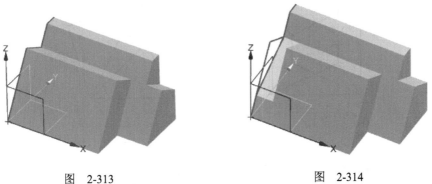

图　2-313　　　　　　　　　　　图　2-314

单击 菜单(M) 图标→"插入"→"细节特征"→"拔模"，弹出"拔模"对话框；选择指定矢量为"ZC"，然后点选固定底面，单击鼠标中键（表示 OK），再点选 3 个要拔模的面，输入拔模角度"30°"，如图 2-315 所示，单击"确定"按钮，完成拔模操作，图形结果如图 2-315 所示。

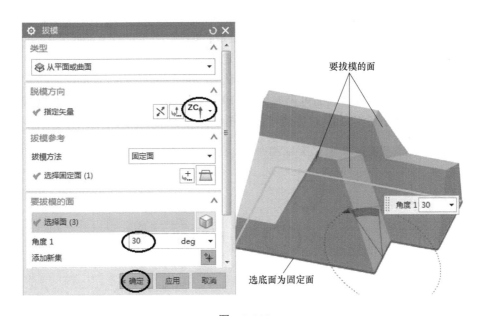

图　2-315

2.23　实例 23

绘制图 2-316 所示二维图形的三维实体图。

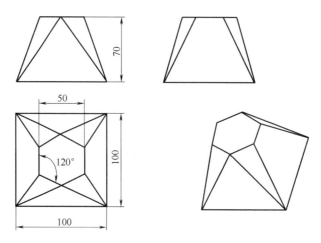

图 2-316

建立新部件文件，单位为"毫米"，然后进入建模模块。

使用 🔲 菜单(M)·→"插入"→"设计特征"→"长方体"命令，创建如图 2-317 所示长方体（尺寸为 100mm×100mm×70mm）。

使用"在任务环境中绘制草图"命令，点选长方体顶面进入草图绘制界面；然后单击 🔲 菜单(M)·图标→"插入"→"曲线"→"多边形"，弹出"多边形"对话框；如图 2-318 所示，先点选坐标中心为指定点，并确定边数，再输入内切圆半径及旋转角（输入旋转角后确认），然

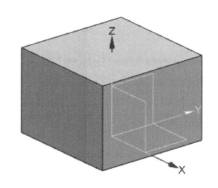

图 2-317

后关闭对话框，此时在长方体顶面可见如图 2-319 所示草图，对草图不需要尺寸修改（此时约束已被 2 个自动尺寸完全约束），完成草图后图形如图 2-320 所示。

图 2-318

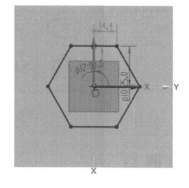

图 2-319

再创建基准平面来修剪长方体。可使用 3 种方法（两条线；1 条线和 1 个点；3 个点）创建 3 个基准平面。

使用"基准平面" 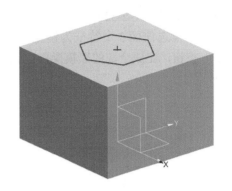 命令，弹出图 2-321 所示"基准平面"对话框，点选两条边线后单击"应用"按钮，创建图 2-322 所示基准平面。

点选一条草图边线和长方体的一个角点，单击"应用"按钮，创建图 2-323 所示基准平面。

点选 3 个点，然后单击对话框中的"确定"按钮，完成图 2-324 所示的第 3 个基准平面的创建。

图　2-320

图　2-321

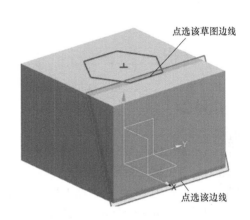

图　2-322

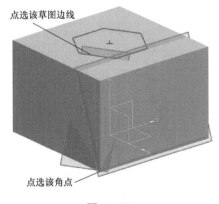

图　2-323

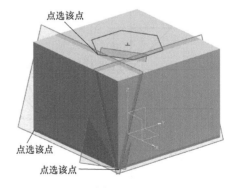

图　2-324

使用"修剪体" 修剪体命令，分别以 3 个基准平面为工具，以长方体为目标进行修剪，完成后将实体移至另一图层并关闭第 1 图层（草图和新基准平面所在图层），此时视窗图形如图 2-325 所示。

使用 菜单(M)▼ →"插入"→"关联复制"→"镜像特征"命令，弹出"镜像特征"对话框；以左边的两个特征为镜像目标，以 X-Z 基准平面为镜像平面，单击对话框中的"应用"

按钮，结果如图 2-326 所示。

再点选前面 3 个特征为镜像目标，以 Y-Z 基准平面为镜像平面，单击对话框中的"确定"按钮，完成全部的建模操作，结果如图 2-327 所示。

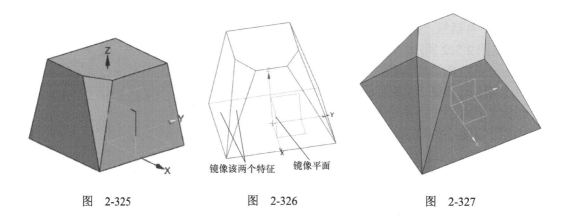

| 图 2-325 | 图 2-326 | 图 2-327 |

2.24 实例 24

绘制图 2-328 所示二维图形的三维实体图。

首先建立新部件文件，单位为"毫米"，然后进入建模模块。

使用 🔲 菜单(M)▼ → "插入" → "设计特征" → "长方体" 命令，创建图 2-329 所示正方体（尺寸为 100mm×100mm×100mm）。

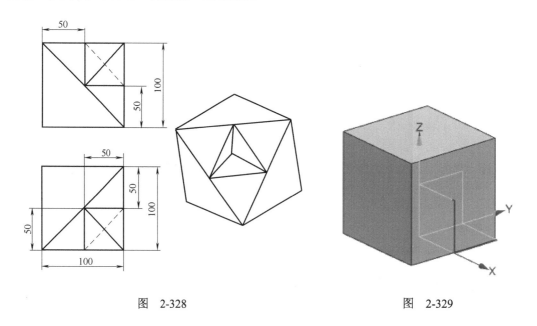

| 图 2-328 | 图 2-329 |

使用"基准平面" 🔲 命令，利用正方体的 3 个角顶点创建图 2-330 所示基准平面。

使用 ☰ 菜单(M) ▾ →"插入"→"修剪"→"拆分体"命令，以新创建的基准平面为工具，以正方体为目标进行拆分，完成后正方体变成了两块；右击大的一块→"隐藏"，此时图形如图 2-331 所示。

将新建的基准平面隐藏，然后使用"在任务环境中绘制草图"命令，在三角菱形锥体底面绘制图 2-332 所示草图。

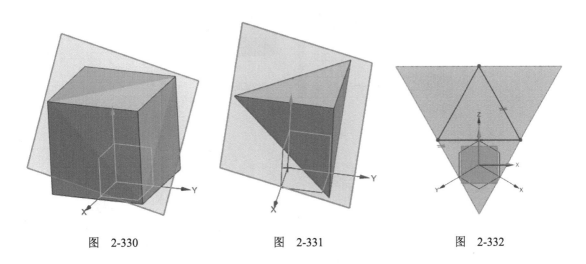

图　2-330　　　　　　　图　2-331　　　　　　　图　2-332

完成草图后，再使用"基准平面" ▢ 命令，利用草图的一条边及三角菱形锥体的顶点创建新的基准平面，如图 2-333 所示。

使用"修剪体" ▭ 修剪体命令，以新建基准平面为工具，以三角菱形锥体为目标进行修剪，完成后图形如图 2-334 所示。

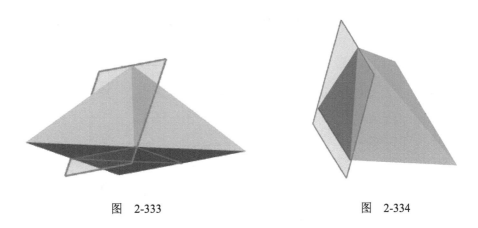

图　2-333　　　　　　　　　　图　2-334

使用"阵列特征" ⬙ 阵列特征命令，弹出"阵列特征"对话框；选项如图 2-335 所示，然后单击对话框中的"确定"按钮，图形如图 2-336 所示。

同时按住 Ctrl+Shift+U 键，恢复隐藏的图形，结果如图 2-337 所示。

最后使用"合并" ⬚ 合并命令，将两块实体合并，并隐藏所有的基准平面及草图，得到图 2-338 所示图形。

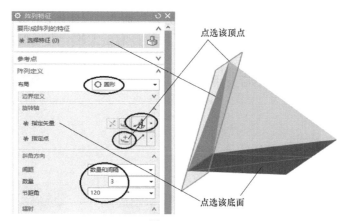

图　2-335

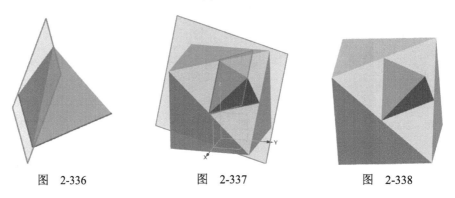

图　2-336　　　　　　图　2-337　　　　　　图　2-338

2.25　实例 25

绘制图 2-339 所示二维图形的三维实体图。

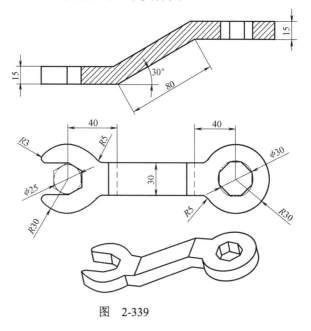

图　2-339

建立新部件文件，单位为"毫米"，然后进入建模模块。

使用"拉伸"命令，在 X-Z 平面画出如图 2-340 所示草图；完成草图后在"拉伸"对话框中的选项和数据如图 2-341 所示，单击对话框中的"应用"按钮，得到的图形如图 2-342 所示。

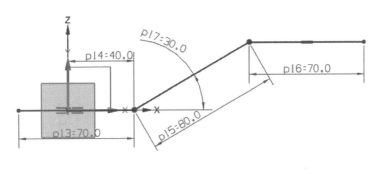

图　2-340

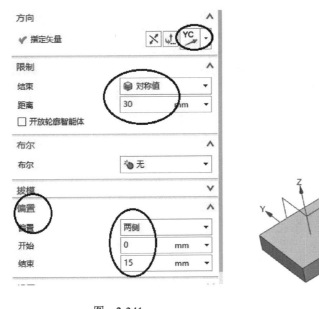

图　2-341

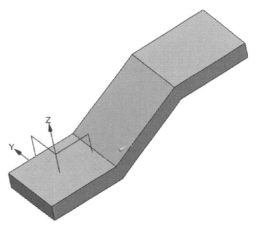

图　2-342

继续使用"拉伸"命令，选 X-Y 基准面进入绘制草图环境；选择 菜单(M)▾ →"插入"→"曲线"→"⊙ 多边形"命令，弹出"多边形"对话框；选项如图 2-343 所示，以指定点为（0，0，0）创建一个内切圆半径为 12.5mm 的六边形；然后重复"多边形"命令，选项如图 2-344 所示，以指定点为（80+80*cos(30)，0，0）创建一个外接圆半径为 15mm 的八边形，此时图形如图 2-345 所示；然后绘制其他草图曲线，并将六边形的左边 3 条边转变为参考线（在草图环境下使用 ║║ 转换至/自参考对象 命令），最终草图如图 2-346 所示。

完成草图后回到"拉伸"对话框，选项数据如图 2-347 所示，单击"确定"按钮，完成后图形如图 2-348 所示。

图 2-343　　　　　　　　　　图 2-344

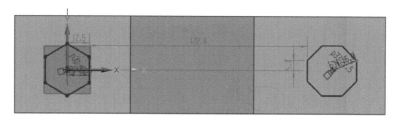

图 2-345

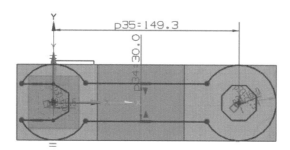

图 2-346

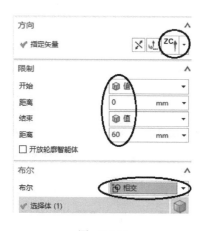

图 2-347　　　　　　　　　　图 2-348

最后对实体 6 条边进行 $R5\text{mm}$、$R3\text{mm}$ 的倒圆角。

2.26　实例 26

绘制图 2-349 所示二维图形的三维实体图。

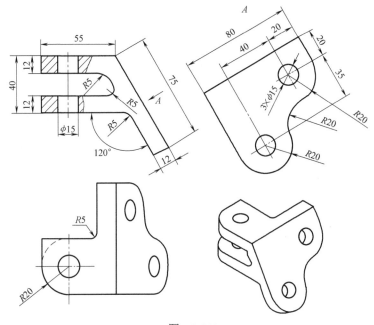

图　2-349

建立新部件文件，单位为"毫米"，然后进入建模模块。

使用"拉伸"命令，在 X-Z 平面画出图 2-350 所示草图，再将草图沿 Y 轴方向拉伸，距离为 80mm，完成后出现图 2-351 所示图形。

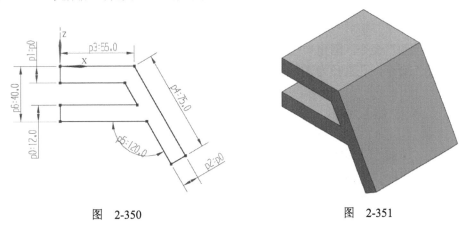

图　2-350　　　　　　　　　　　图　2-351

利用"拉伸"命令，以实体的一条边进行拉伸，执行布尔减去操作，如图 2-352 所示，注意在选曲线前，视窗上部的过滤选项为 单条曲线 ，完成后得到如图 2-353 所示的图形。

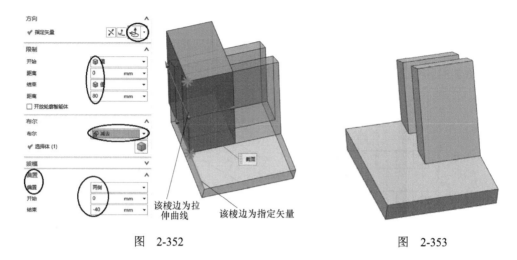

图 2-352   图 2-353

使用"拉伸"命令,在实体的斜面上绘制草图,如图 2-354 所示,再沿指定矢量拉伸,拉伸距离大于 12mm,完成后图形如图 2-355 所示。

利用"修剪体"命令,以实体为目标体,以片体为工具面,修剪成如图 2-356 所示图形。

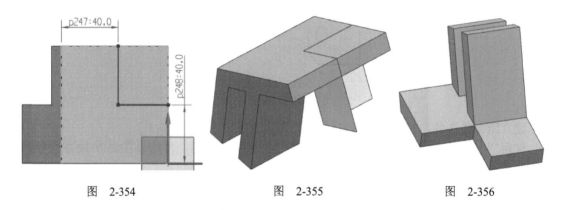

图   2-354   图   2-355   图   2-356

使用"边倒圆"命令,圆角半径为 $R20mm$ 及 $R5mm$,倒圆结果如图 2-357 所示。
使用"孔"命令,孔直径为 $\phi15mm$,完成后结果如图 2-358 所示。

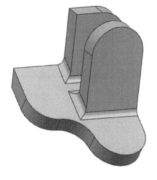

图   2-357   图   2-358

2.27　实例 27

绘制图 2-359 所示二维图形的三维实体图。

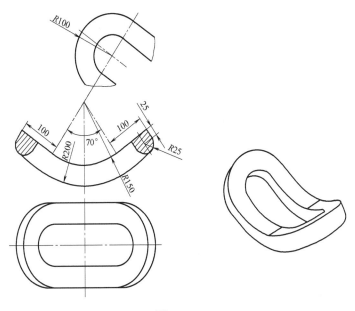

图　2-359

建立新部件文件，单位为"毫米"，然后进入建模模块。

使用"拉伸"命令，在 X-Z 平面画出如图 2-360 所示的草图，注意草图的角度线要使用 转换至/自参考对象 命令将其转变为参考线，在"拉伸"对话框里的选项及数据如图 2-361 所示，完成后图形如图 2-362 所示。

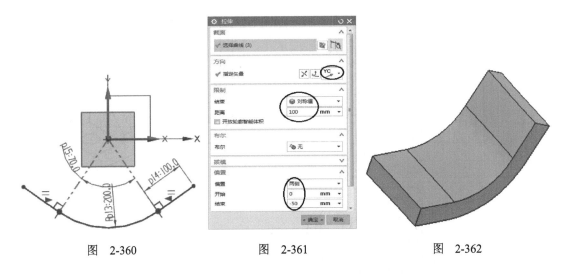

图　2-360　　　　　　　图　2-361　　　　　　　图　2-362

利用"边倒圆"命令，选择侧面的 4 条边，以半径为 100mm 进行边倒圆，结果如图 2-363 所示。

利用"抽壳"命令,以上、下表面为要穿透的面,厚度为50mm进行抽壳,得到如图2-364所示实体。

利用"边倒圆"命令,以半径为25mm进行边倒圆,完成后图形如图2-365所示。

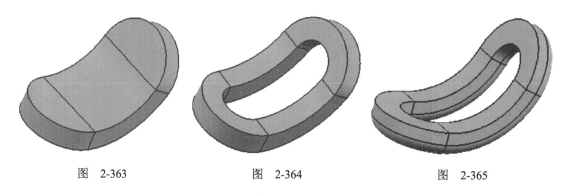

图　2-363　　　　　　　图　2-364　　　　　　　图　2-365

2.28　实例28

绘制图2-366所示二维图形的三维实体图。

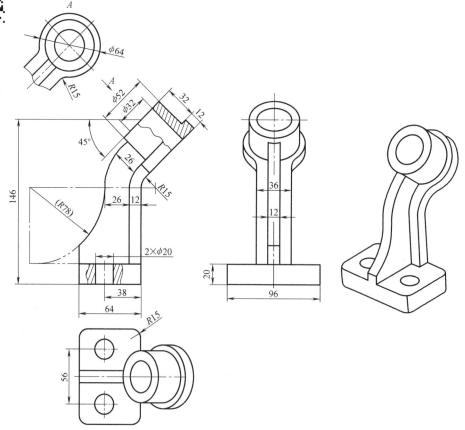

图　2-366

建立新部件文件，单位为"毫米"，然后进入建模模块。

使用"在任务环境中绘制草图"命令，在 X-Z 平面画出图 2-367 所示草图。

使用"拉伸"命令，对话框中的输入值见图 2-368；点选肋板区域，单击"应用"按钮，创建图 2-369 所示图形。

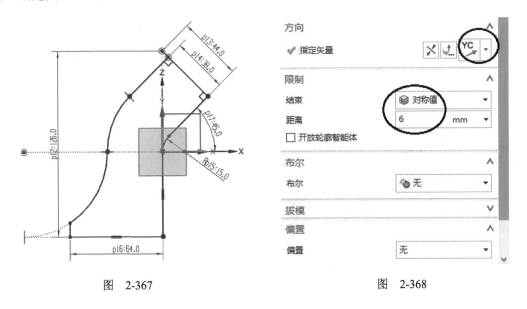

图　2-367　　　　　　　　　　图　2-368

再以草图中的后背曲线为拉伸对象进行两侧拉伸，并执行布尔"合并"操作，如图 2-370 所示。

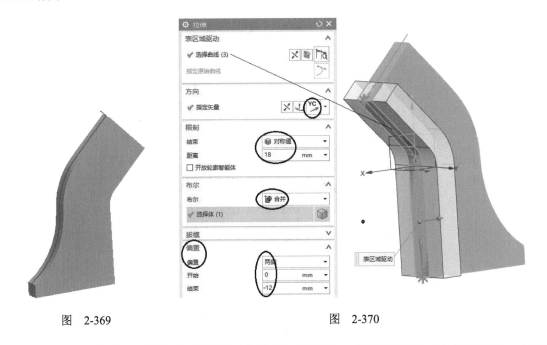

图　2-369　　　　　　　　　　图　2-370

再以草图中最下面的直线为拉伸对象进行两侧拉伸，并执行布尔"合并"操作，如图 2-371 所示，创建的实体如图 2-372 所示。

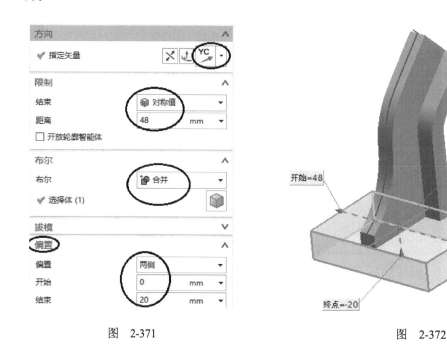

图 2-371

图 2-372

利用"圆柱体"命令，在"圆柱"对话框中输入如图 2-373 所示参数，最后单击"应用"按钮，创建大圆台。

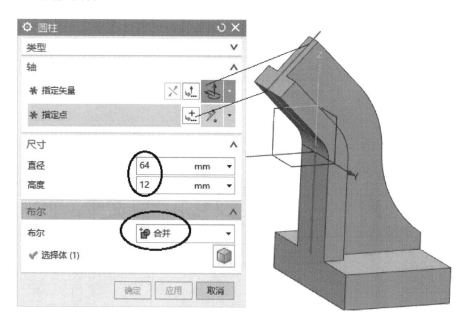

图 2-373

在"圆柱"对话框中，指定矢量同上，指定点为刚创建的大圆台上表面的中心点，在大圆台上创建一个小圆柱，结果如图 2-374 所示。

利用"孔"命令，在圆柱中心创建直径为 32mm 的圆孔，同样在底板上创建 2 个直径为 20mm 的圆孔并倒各部分圆角，结果如图 2-375 所示。

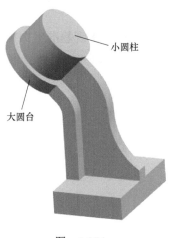

图　2-374

图　2-375

2.29　实例 29

绘制图 2-376 所示二维图形的三维实体图。

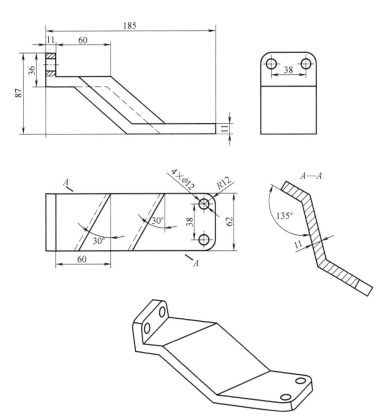

图　2-376

在部件导航器里右击"基准坐标系"→"隐藏"。

单击 菜单 图标→"格式"→"WCS"→"显示",图形区域出现基准坐标轴。

单击 菜单 图标→"插入"→"设计特征"→"长方体",弹出"块"对话框;数据输入如图 2-377 所示,单击"确定"按钮后结果如图 2-378 所示。

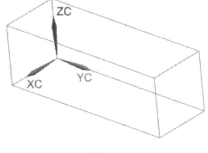

图　2-377 图　2-378

单击 菜单 图标→"格式"→"WCS"→"原点",弹出"点"对话框;改动数据如图 2-379 所示,单击"确定"按钮后,坐标向 Y 轴方向移动了 71mm;再单击 菜单 图标→"格式"→"WCS"→"旋转",弹出"旋转 WCS..."对话框;输入数据如图 2-380 所示,单击"确定"按钮后,坐标位置如图 2-381 所示。

图　2-379 图　2-380

使用"拉伸"命令,弹出"拉伸"对话框;单击图 2-382 所示图标,弹出"创建草图"对话框;选项如图 2-383 所示,单击"指定点" ,弹出图 2-384 所示"点"对话框;输入点坐标,然后单击"确定"→"确定",进入绘制草图界面,绘制草图如图 2-385 所示。

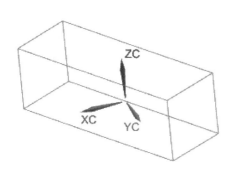

图　2-381

图　2-382

图　2-383

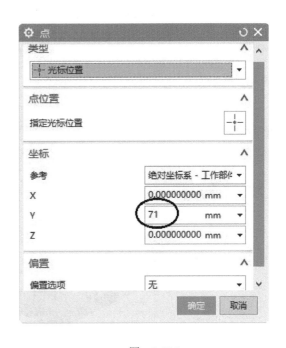

图　2-384

完成草图后在"拉伸"对话框里的选项如图 2-386 所示，最后单击"应用"按钮，得到如图 2-387 所示图形。

继续选一条边进行拉伸，对话框数据改动如图 2-388 所示，最后单击"确定"按钮，视窗中的图形如图 2-389 所示。

使用"边倒圆"命令，对 4 个棱边倒 R12mm 圆角，结果如图 2-390 所示。

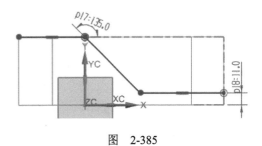

图　2-385

使用"孔"命令，在实体上打 4 个 φ12mm 的孔，最终全部完成建模操作，图形如图 2-391 所示。

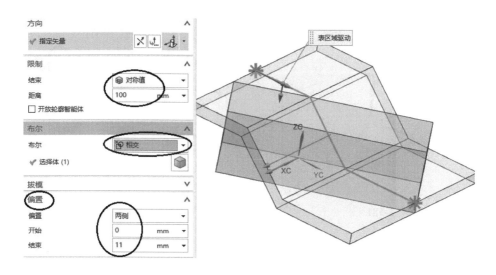

图　2-386

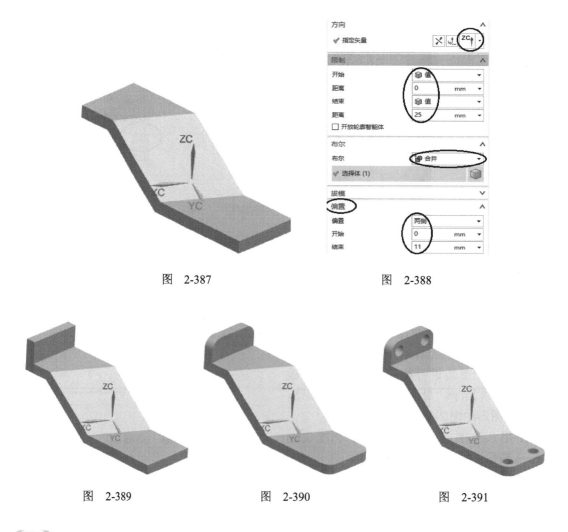

图　2-387　　　　　　　　　　　　　　图　2-388

图　2-389　　　　　　　　图　2-390　　　　　　　　图　2-391

2.30　实例 30

绘制图 2-392 所示二维图形的三维实体图，然后将其改变成八角星内切圆台，如图 2-393 所示。

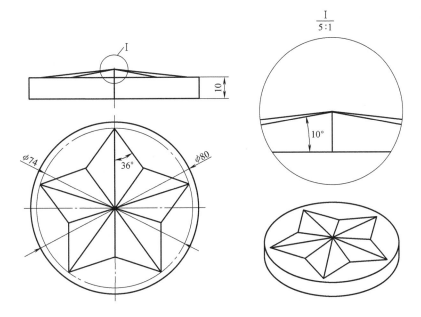

图　2-392

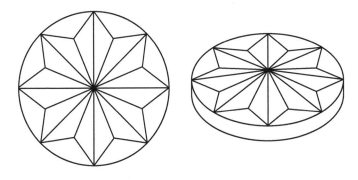

图　2-393

1. 绘制图 2-392 所示二维图形的三维实体图

使用 菜单(M) ▾ →"插入"→"设计特征"→"圆柱"命令，创建 φ80mm、高 10mm 圆柱，如图 2-394 所示。

使用"在任务环境中绘制草图"命令，在圆柱上表面上绘制如图 2-395 所示草图。

使用"拉伸"命令，将三角形区域拉伸 10mm，如图 2-396 所示。

使用 菜单(M) ▾ →"插入"→"细节特征"→"拔模"命令，弹出"拔模"对话框；选项如图 2-397 所示，单击对话框中的"确定"按钮，完成拔模操作，图形如图 2-398 所示。

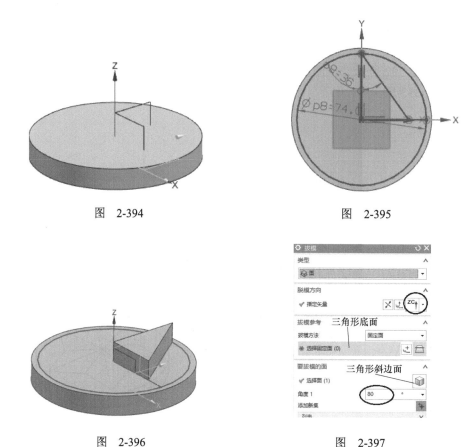

图 2-394 图 2-395

图 2-396 图 2-397

使用 菜单(M)→"插入"→"关联复制"→"镜像几何体"命令，将三角形几何体相对于Y-Z 基准面镜像，得到的图形如图 2-399 所示。

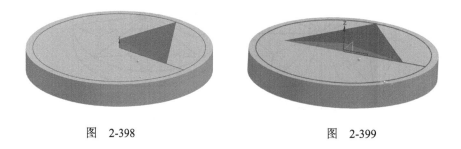

图 2-398 图 2-399

使用 菜单(M)→"插入"→"关联复制"→"阵列几何特征"命令，弹出"阵列几何特征"对话框；选项如图 2-400 所示，然后单击"确定"按钮，完成五角星的创建；最后使用"合并"命令将实体都合并在一起，最后的图形如图 2-401 所示。

2. 改变成图 2-393 所示三维实体

单击视窗上部"工具"选项卡→"表达式"，如图 2-402 所示，弹出"表达式"对话框如图 2-403 所示；改动数据如图 2-404 所示，然后单击对话框中的"确定"按钮。

最后使用"合并"命令，将视图中的所有实体合成一体，结果如图 2-405 所示。

图　2-400

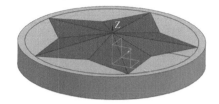

图　2-401

图　2-402

	名称	公式	值	单位	量纲
1	∨默认组				
2				mm	长度
3	p6	80	80	mm	长度
4	p7	10	10	mm	长度
5	p8	74	74	mm	长度
6	p9	36	36	°	角度
7	p10	0	0	mm	长度
8	p11	10	10	mm	长度
9	p18	80	80	°	角度
10	p71	0	0	mm	长度
11	p80	0	0	mm	长度
12	p88	5	5		常数
13	p89	360/5	72	°	角度
14	p90	10	10	mm	长度
15	p91	360	360	°	角度
16	p92	1	1		常数
17	p93	10	10	mm	长度
18	p94	0	0	mm	长度

图　2-403

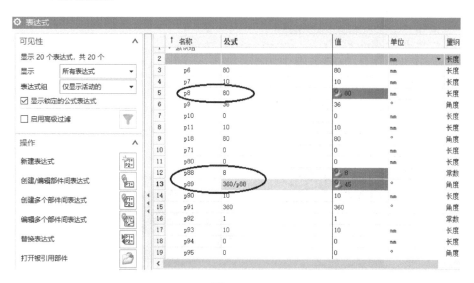

图　2-404

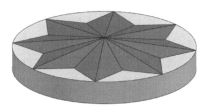

图　2-405

2.31　实例 31

绘制图 2-406 所示二维图形的三维实体图。

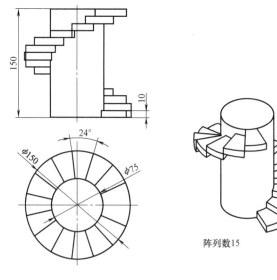

阵列数15

图　2-406

使用 ⬚ 菜单(M) ▾ →"插入"→"设计特征"→"圆柱"命令，创建φ75mm×150mm圆柱，如图 2-407 所示。

使用"拉伸"命令，在 X-Y 基准平面绘制如图 2-408 所示草图，"拉伸"对话框的选项如图 2-409 所示，完成后图形如图 2-410 所示。

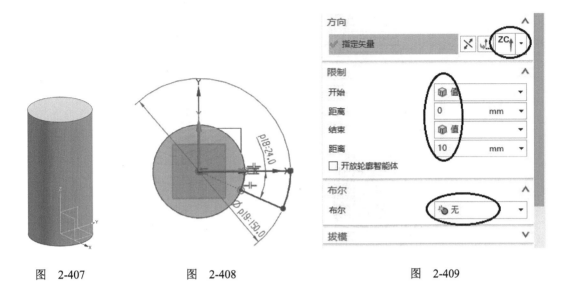

图 2-407   图 2-408   图 2-409

使用 ⬚ 菜单(N →"插入"→"关联复制"→"阵列几何特征"命令，弹出"阵列几何特征"对话框；选项如图 2-411 所示，阵列新创建的小扇形块，完成后图形如图 2-412 所示。

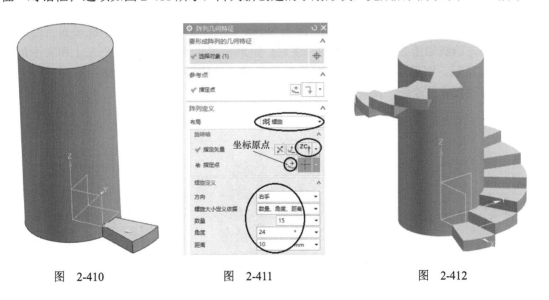

图 2-410   图 2-411   图 2-412

2.32 实例 32

绘制图 2-413 所示二维图形的三维实体图。阶梯总共 25 层。

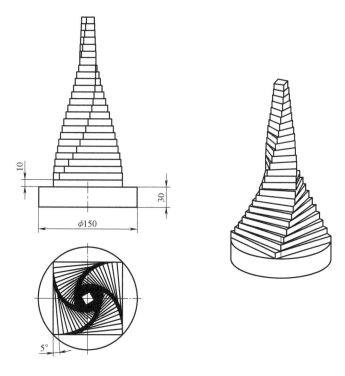

图　2-413

使用 菜单(M)▾ →"插入"→"设计特征"→"圆柱"命令，创建 ϕ150mm×30mm 圆台，如图 2-414 所示。

使用"拉伸"命令，注意过滤选项为 特征曲线 ▾，点选 X-Y 基准平面后进入草图绘制界面，绘制如图 2-415 所示草图。注意：矩形相邻两条边相等、矩形左上和右下角与圆台边缘线接触、矩形左右两条边相对于 Y 轴对称，这样刚好全约束。然后标注一个边的尺寸，此时该尺寸呈红色，表明过约束了，如图 2-416 所示。

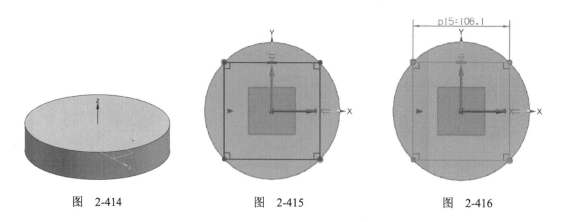

图　2-414　　　　　图　2-415　　　　　图　2-416

在草图环境下做如下改动：去掉矩形左上角和右下角在圆台边缘线上的接触约束；将矩形上下两条边也相对于 X 轴对称。此时恢复了全约束（无过约束），草图如图 2-417 所示。完成草图后将矩形拉伸 10mm（不要与圆台合并），结果如图 2-418 所示。

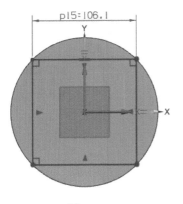

图　2-417   图　2-418

使用 菜单(M)▾ →"插入"→"关联复制"→"阵列特征"命令，弹出图 2-419 所示"阵列特征"对话框；点选新创建的四方体为阵列对象，"指定矢量"为"ZC"，"指定点"为坐标原点，输入阵列数量和节距角，再点选"阵列增量"图标，弹出"阵列增量"对话框，输入图 2-420 所示数据，单击"确定"后回到"阵列特征"对话框；再点选"电子表格"小图标，弹出图 2-421 所示电子表格，因为该 25 层四方图形是每一层相邻边长内接且逐层变小，关系表达式为 $L_{N+1}=L_N/(SIN(\alpha)+COS(\alpha))$，每层的旋转角是 5°，所以 $L_{N+1}=L_N\times0.9231$，在表格的最后一列手工输入两行，如图 2-421 所示，然后点选第二行的右下角并下拉至最后一行，此时表格中的数据如图 2-422 所示。

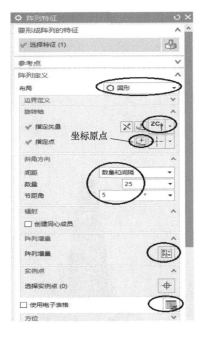

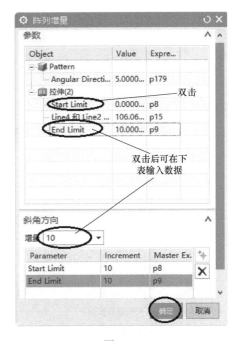

图　2-419   图　2-420

存盘并关闭电子表格，此时弹出图 2-423 所示对话框；单击"确定"后回到"阵列特征"对话框，再单击"确定"按钮，创建的图形如图 2-424 所示。

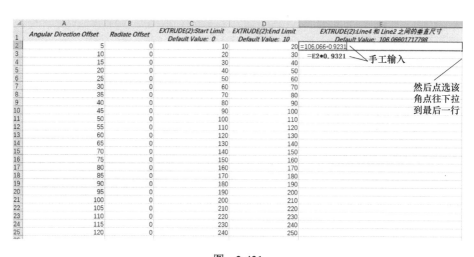

	A	B	C	D	E
1	Angular Direction Offset	Radiate Offset	EXTRUDE(2):Start Limit Default Value: 0	EXTRUDE(2):End Limit Default Value: 10	EXTRUDE(2):Line4 和 Line2 之间的垂直尺寸 Default Value: 106.06601717798
2	5	0	10	20	=106.066*0.9231
3	10	0	20	30	=E2*0.9321
4	15	0	30	40	
5	20	0	40	50	
6	25	0	50	60	
7	30	0	60	70	
8	35	0	70	80	
9	40	0	80	90	
10	45	0	90	100	
11	50	0	100	110	
12	55	0	110	120	
13	60	0	120	130	
14	65	0	130	140	
15	70	0	140	150	
16	75	0	150	160	
17	80	0	160	170	
18	85	0	170	180	
19	90	0	180	190	
20	95	0	190	200	
21	100	0	200	210	
22	105	0	210	220	
23	110	0	220	230	
24	115	0	230	240	
25	120	0	240	250	

手工输入

然后点选该角点往下拉到最后一行

图 2-421

	A	B	C	D	E
1	Angular Direction Offset	Radiate Offset	EXTRUDE(2):Start Limit Default Value: 0	EXTRUDE(2):End Limit Default Value: 10	EXTRUDE(2):Line4 和 Line2 之间的垂直尺寸 Default Value: 106.06601717798
2	5	0	10	20	97.9095246
3	10	0	20	30	90.38028216
4	15	0	30	40	83.43003846
5	20	0	40	50	77.0142685
6	25	0	50	60	71.09187125
7	30	0	60	70	65.62490636
8	35	0	70	80	60.57835106
9	40	0	80	90	55.91987586
10	45	0	90	100	51.61963741
11	50	0	100	110	47.65008729
12	55	0	110	120	43.98579558
13	60	0	120	130	40.6032879
14	65	0	130	140	37.48089506
15	70	0	140	150	34.59861423
16	75	0	150	160	31.93798079
17	80	0	160	170	29.48195007
18	85	0	170	180	27.21478811
19	90	0	180	190	25.1219709
20	95	0	190	200	23.19009134
21	100	0	200	210	21.40677332
22	105	0	210	220	19.76059245
23	110	0	220	230	18.24100289
24	115	0	230	240	16.83826977
25	120	0	240	250	15.54340682

图 2-422

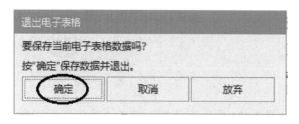

图 2-423

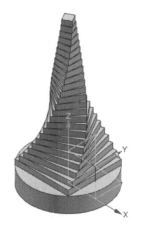

图 2-424

习题（扫描配套二维码，可观看建模过程）

1. 绘制图 2-425 所示二维图形的三维实体图。

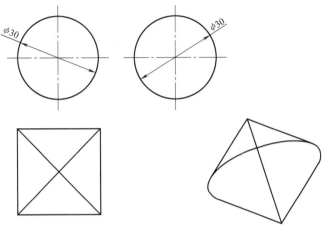

图　2-425

作图步骤提示：长方体；边倒圆。

完成的建模零件参见配套教学资源。

2. 绘制图 2-426 所示二维图形的三维实体图。

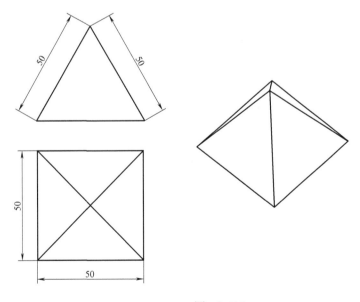

图　2-426

作图步骤提示：长方体；拉伸求交。

完成的建模零件参见配套教学资源。

3. 绘制图 2-427 所示二维图形的三维实体图。

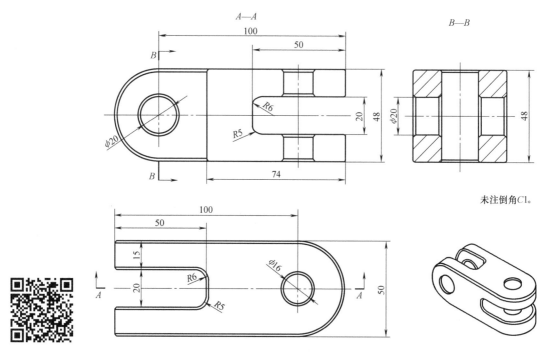

图　2-427

作图步骤提示：草图；拉伸；布尔求交；边倒圆；倒斜角。

完成的建模零件参见配套教学资源。

4. 绘制图 2-428 所示二维图形的三维实体图。

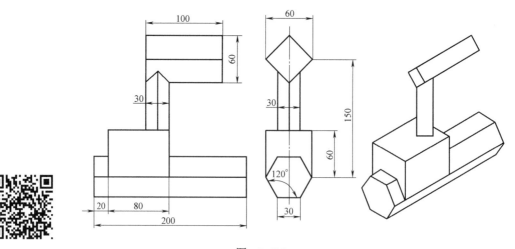

图　2-428

作图步骤提示：草图；拉伸；布尔求和。

完成的建模零件参见配套教学资源。

5. 绘制图 2-429 所示二维图形的三维实体图。

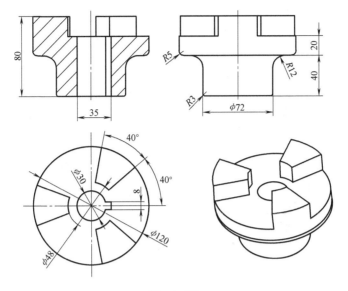

图　2-429

作图步骤提示：草图；拉伸；布尔求和；引用几何体；边倒圆。
完成的建模零件参见配套教学资源。

6. 绘制图 2-430 所示二维图形的三维实体图。

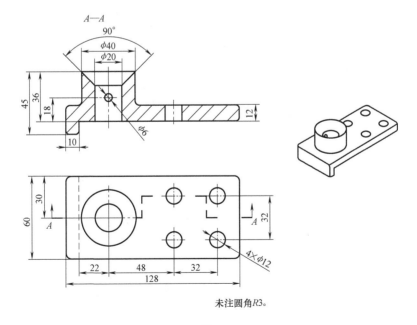

未注圆角R3。

图　2-430

作图步骤提示：草图；拉伸；简单孔；埋头孔；边倒圆。
完成的建模零件参见配套教学资源。

7. 绘制图 2-431 所示二维图形的三维实体图。

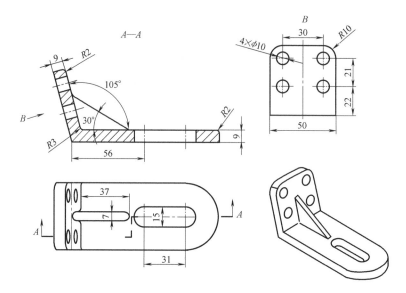

图　2-431

作图步骤提示：草图；拉伸；圆柱；简单孔；边倒圆。

完成的建模零件参见配套教学资源。

8. 绘制图 2-432 所示二维图形的三维实体图。

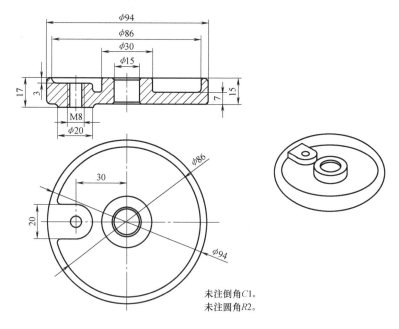

未注倒角C1。
未注圆角R2。

图　2-432

作图步骤提示：草图；拉伸；圆柱；简单孔；倒斜角；边倒圆。

完成的建模零件参见配套教学资源。

9. 绘制图 2-433 所示二维图形的三维实体图。

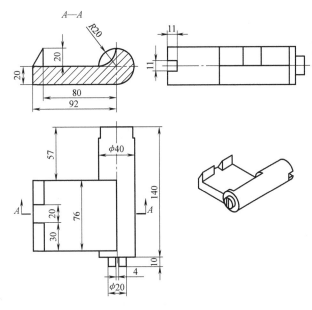

图　2-433

作图步骤提示：草图；拉伸；基准坐标系；圆柱。

完成的建模零件参见配套教学资源。

10. 绘制图 2-434 所示二维图形的三维实体图。

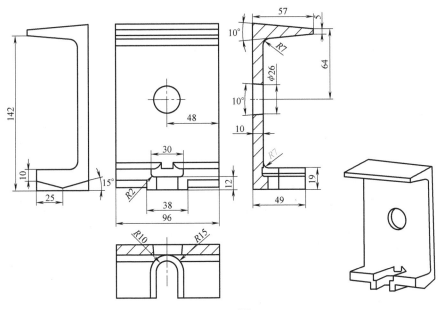

图　2-434

作图步骤提示：草图；拉伸；简单孔；拔模；边倒圆。

完成的建模零件参见配套教学资源。

11. 绘制图 2-435 所示二维图形的三维实体图。

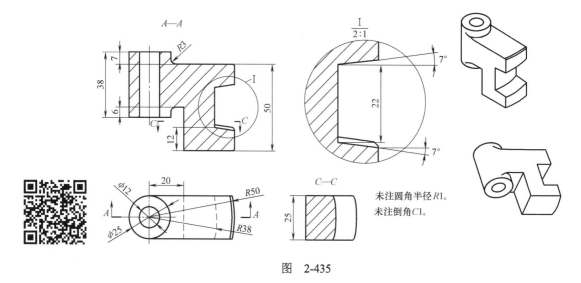

图　2-435

作图步骤提示：草图；拉伸；拔模；倒斜角；边倒圆。

完成的建模零件参见配套教学资源。

12. 绘制图 2-436 所示二维图形的三维实体图。

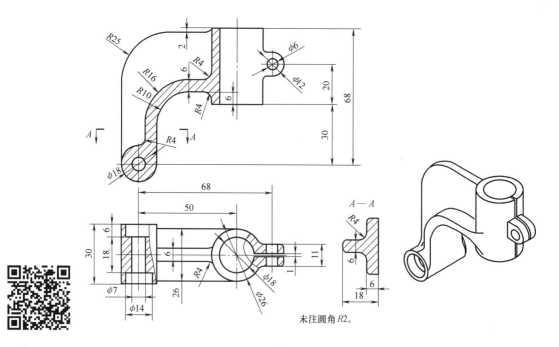

图　2-436

作图步骤提示：草图；拉伸；边倒圆。

完成的建模零件参见配套教学资源。

13. 绘制图 2-437 所示二维图形的三维实体图。

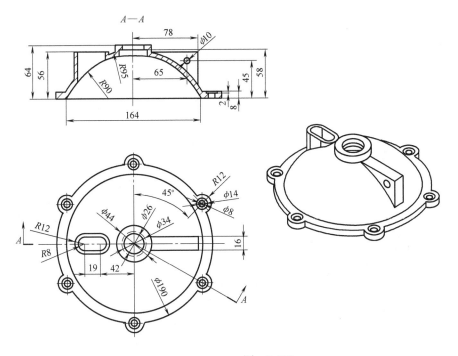

图　2-437

作图步骤提示：草图；拉伸；回转；简单孔；沉头孔。
完成的建模零件参见配套教学资源。

14. 绘制图 2-438 所示二维图形的三维实体图。

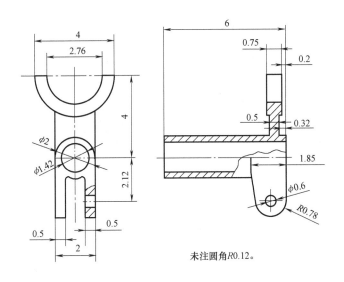
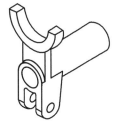

未注圆角 R0.12。

图　2-438

作图步骤提示：草图；拉伸；简单孔；镜像特征。
完成的建模零件参见配套教学资源。

15. 绘制图 2-439 所示二维图形的三维实体图。

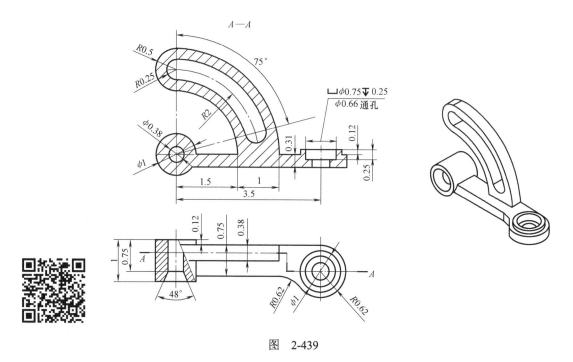

图　2-439

作图步骤提示：草图；拉伸；简单孔；沉头孔。
完成的建模零件参见配套教学资源。

16. 绘制图 2-440 所示二维图形的三维实体图。

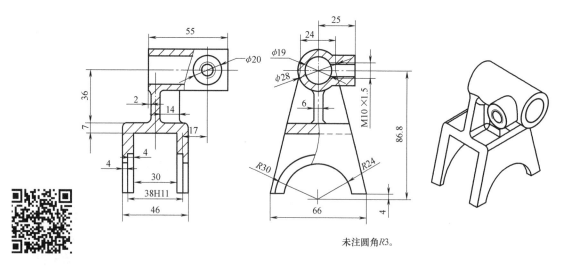

图　2-440

作图步骤提示：草图；拉伸；简单孔；边倒圆。
完成的建模零件参见配套教学资源。

17. 绘制图 2-441 所示二维图形的三维实体图。

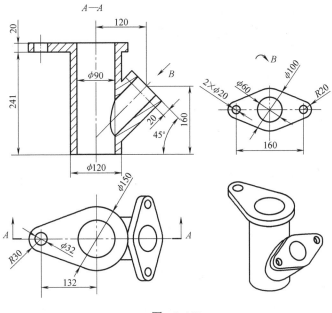

图　2-441

作图步骤提示：草图；圆柱；拉伸；基准坐标系；简单孔。

完成的建模零件参见配套教学资源。

18. 绘制图 2-442 所示二维图形的三维实体图。

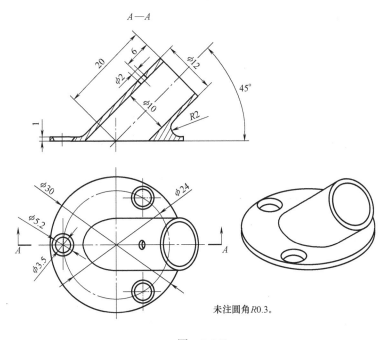

未注圆角 R0.3。

图　2-442

作图步骤提示：圆柱；简单孔；埋头孔；基准平面；草图；拉伸；边倒圆；调整工作坐标系。

完成的建模零件参见配套教学资源。

19. 绘制图 2-443 所示二维图形的三维实体图。

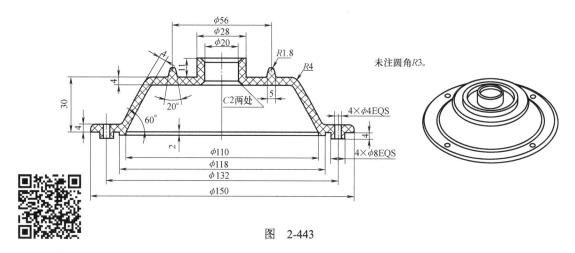

图　2-443

作图步骤提示：旋转草图；凸台；用特征曲线形成图样；孔；边倒圆。

完成的建模零件参见配套教学资源。

20. 绘制图 2-444 所示二维图形的三维实体图。

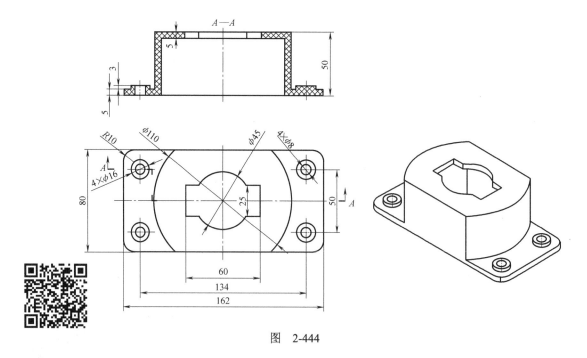

图　2-444

作图步骤提示：草图；拉伸；布尔运算；抽壳；凸台；孔。

完成的建模零件参见配套教学资源。

21. 绘制图 2-445 所示二维图形的三维实体图。

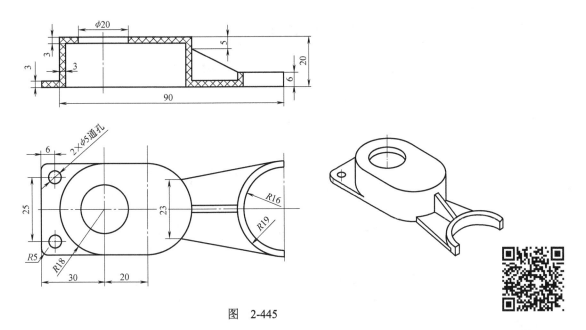

图　2-445

作图步骤提示：草图；拉伸；抽壳；偏置面；求和；边倒圆。

完成的建模零件参见配套教学资源。

22. 绘制图 2-446 所示二维图形的三维实体图。

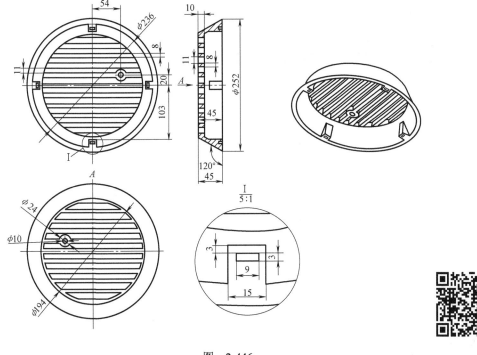

图　2-446

作图步骤提示：旋转草图；拉伸草图并求差；拉伸草图并求和；用特征曲线形成图样。

完成的建模零件参见配套教学资源。

23. 绘制图 2-447 所示二维图形的三维实体图。

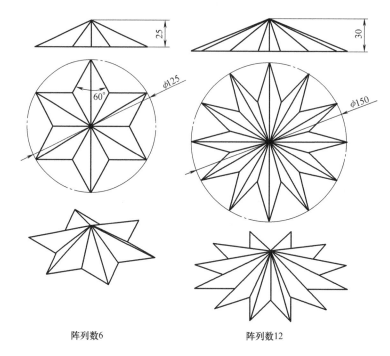

阵列数6　　　　　　　　　　阵列数12

图　2-447

作图步骤提示：草图；拉伸；基准平面；修剪；镜像；阵列特征。

完成的建模零件参见配套教学资源。

24. 绘制图 2-448 所示二维图形的三维实体图。

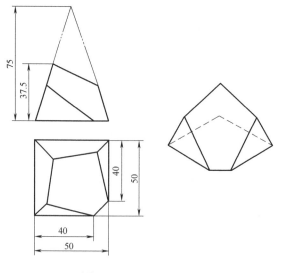

图　2-448

作图步骤提示：三个视图拉伸并求交；基准平面；交点；剪切。

完成的建模零件参见配套教学资源。

25. 绘制图 2-449 所示二维图形的三维实体图。

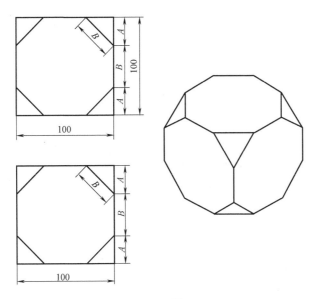

图　2-449

作图步骤提示：长方体；草图；基准平面；剪切；阵列特征；镜像特征。

完成的建模零件参见配套教学资源。

26. 绘制图 2-450 所示二维图形的三维实体图。

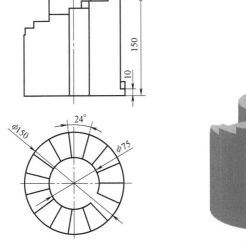

图　2-450

作图步骤提示：拉伸；阵列特征。

完成的建模零件参见配套教学资源。

27. 绘制图 2-451 所示二维图形的三维实体图。

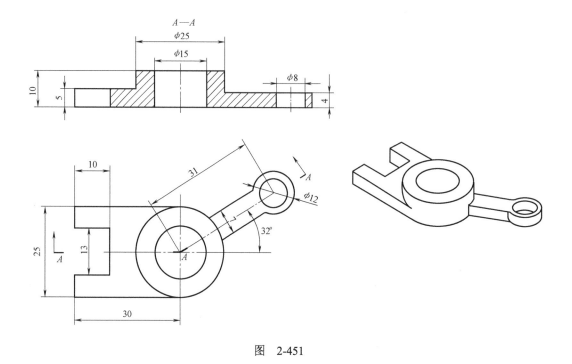

图　2-451

28. 绘制图 2-452 所示二维图形的三维实体图。

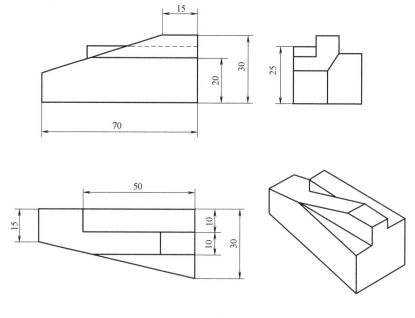

图　2-452

29. 绘制图 2-453 所示二维图形的三维实体图。

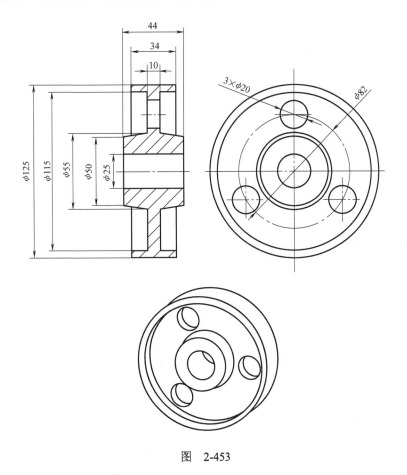

图　2-453

30. 绘制图 2-454 所示二维图形的三维实体图。

31. 绘制图 2-455 所示三维图形的三维实体图。

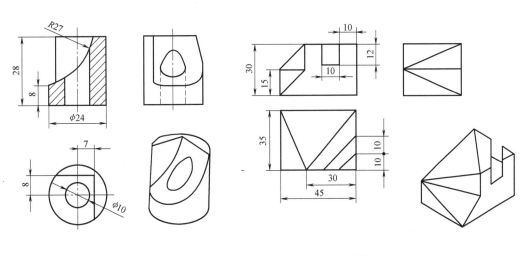

图　2-454　　　　　　　　　　　　图　2-455

32. 绘制图 2-456 所示二维图形的三维实体图。

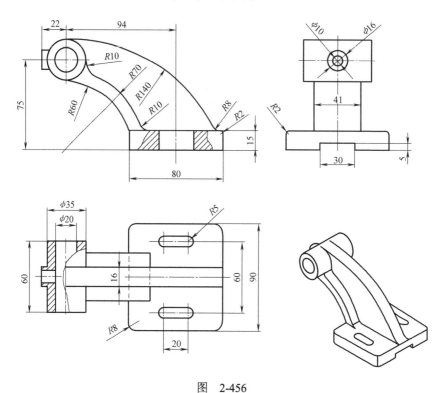

图　2-456

33. 绘制图 2-457 所示二维图形的三维实体图。

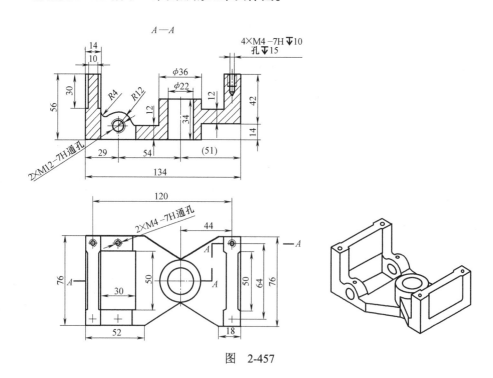

图　2-457

34. 绘制图 2-458 所示二维图形的三维实体图。

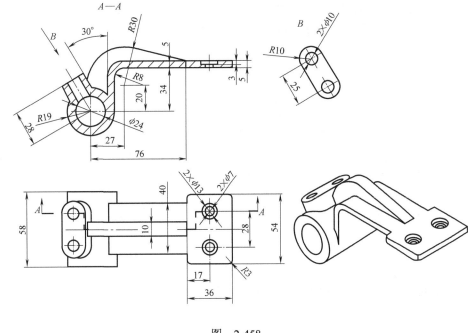

图　2-458

35. 绘制图 2-459 所示二维图形的三维实体图。

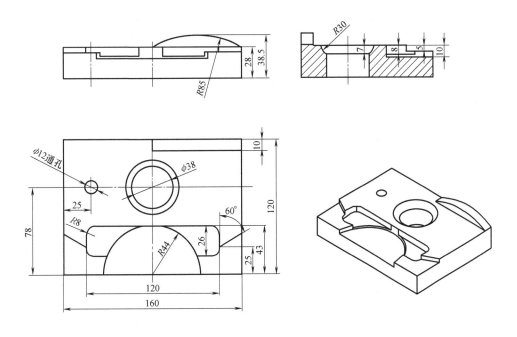

图　2-459

36. 绘制图 2-460 所示二维图形的三维实体图。

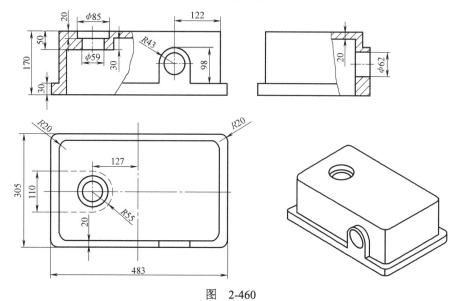

图　2-460

37. 绘制图 2-461 所示二维图形的三维实体图。

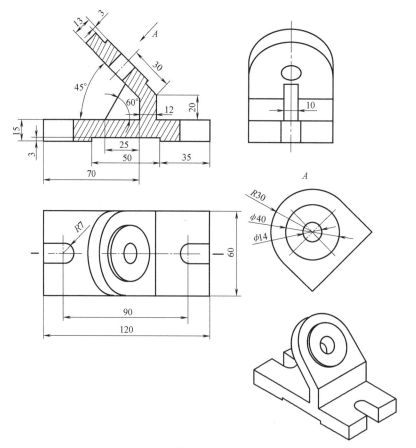

图　2-461

38. 绘制图 2-462 所示二维图形的三维实体图。

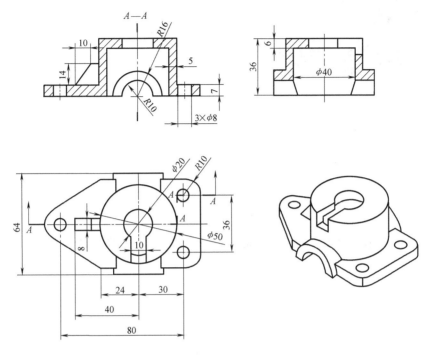

图　2-462

39. 绘制图 2-463 所示二维图形的三维实体图。

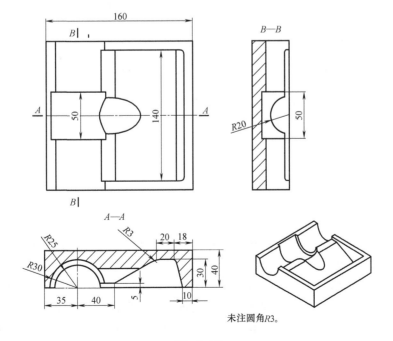

未注圆角 $R3$。

图　2-463

第3章
同步建模实例

同步建模的基本目的是提供一种设计改变方法，该方法强调修改模型的当前状态，不考虑模型是怎样被构造出来的以及它的相关性或它的特征历史。

3.1 实例1

利用同步建模的方法，将图3-1a所示三维实体图修改为图3-1b所示三维实体图。

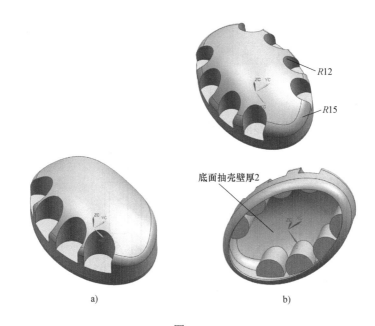

图 3-1

1. 打开原文件

启动NX 12.0，使用"打开"命令打开零件的三维实体图文件，如图3-1a所示。

2. 修改尺寸及形状

使用 ☰ 菜单(M) ▾ → "插入" → "同步建模" → "尺寸" → "半径尺寸" 命令，弹出"半径尺寸"对话框；选项如图3-2所示，单击对话框中的"确定"按钮，完成半径尺寸修改。

使用 ☰ 菜单(M) ▾ → "插入" → "关联复制" → "镜像面" → 命令，弹出"镜像面"对话框；选项如图3-3所示，单击"确定"按钮后完成图形如图3-4所示。

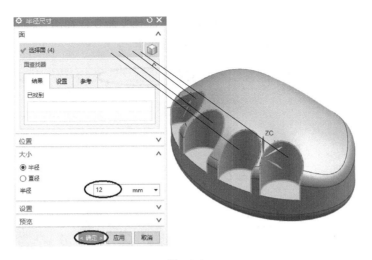

图　3-2

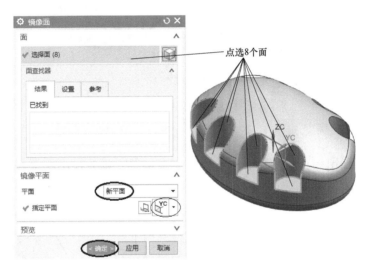

图　3-3

使用 ☰ 菜单(M) ▾ → "插入" → "同步建模" → "细节特征" → "调整倒圆大小" 命令，弹出 "调整圆角大小" 对话框；选项如图 3-5 所示，单击 "确定" 按钮，完成圆角的修改。

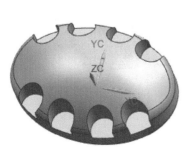

图　3-4

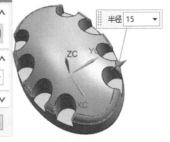

图　3-5

使用🔲 菜单(M) ▾→"插入"→"偏置/缩放"→"抽壳"命令，弹出"抽壳"对话框；选项如图 3-6 所示，单击"确定"按钮，完成底面抽壳操作。

图 3-6

3.2 实例 2

利用同步建模的方法，将图 3-7a 所示三维实体图修改为图 3-7b 所示三维实体图。

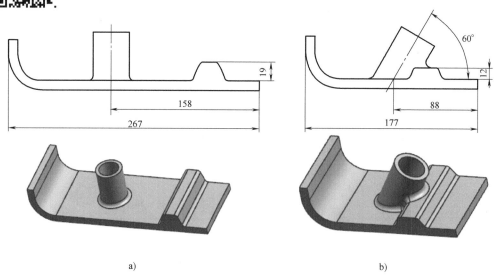

a)   b)

图 3-7

1. 打开原文件

启动 NX 12.0，使用"打开"命令打开零件的三维实体图文件，如图 3-7a 所示。

2. 修改尺寸及形状

使用![菜单]菜单(M) → "插入" → "同步建模" → "移动面"命令，弹出"移动面"对话框；选项如图 3-8 所示，单击"确定"按钮，完成后的图形如图 3-9 所示。

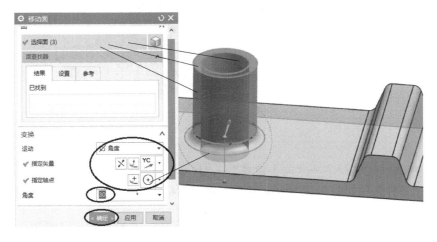

图　3-8

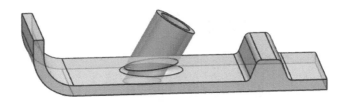

图　3-9

再次使用"移动面"命令，对话框的选项如图 3-10 所示，单击"确定"按钮后完成面的距离移动。

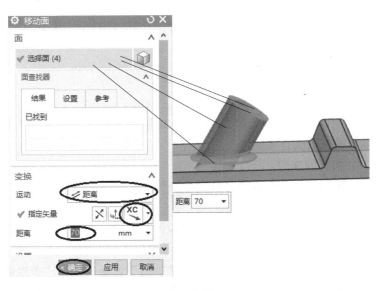

图　3-10

再次使用"移动面"命令，左移曲面向右移动，结果如图 3-11 所示。

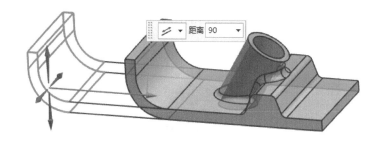

图　3-11

使用 🔳 菜单(M)▾→"插入"→"同步建模"→"尺寸"→"线性尺寸"命令，弹出"线性尺寸"对话框；各种选项如图 3-12 所示，最后单击对话框中的"确定"按钮完成操作。

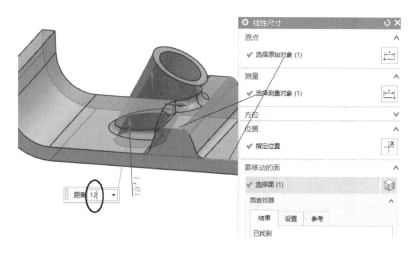

图　3-12

3.3　实例 3

利用同步建模的方法，将图 3-13a 所示三维实体图修改为图 3-13b 所示二维图形的三维实体图。

1. 打开原文件

启动 NX 12.0，使用"打开"命令打开零件的三维实体图文件，如图 3-13a 所示。

2. 修改尺寸及形状

使用 🔳 菜单(M)▾→"插入"→"设计特征"→"拉伸"命令，弹出"拉伸"对话框；选项如图 3-14 所示，单击对话框中的"确定"按钮后图形如图 3-15 所示。

使用 🔳 菜单(M)▾→"插入"→"同步建模"→"替换面"命令，弹出"替换面"对话框；选项如图 3-16 所示，最后单击对话框中的"应用"按钮完成操作。

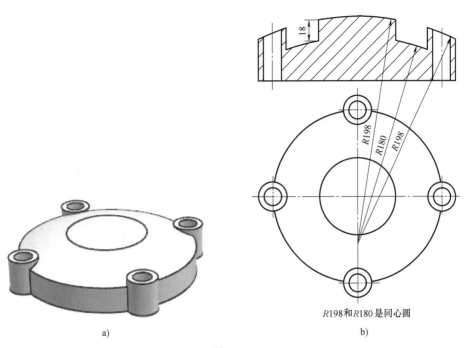

R198和R180是同心圆

a) 　　　　　　　　　　　　　　　　b)

图　3-13

图　3-14

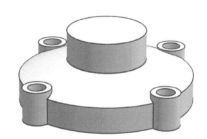

图　3-15

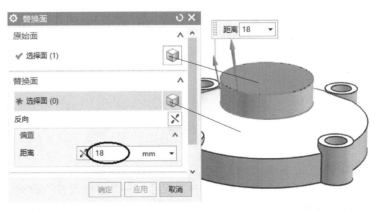

图　3-16

继续使用"替换面"命令，选项如图 3-17 所示，单击对话框中的"确定"按钮，完成后的图形如图 3-18 所示。

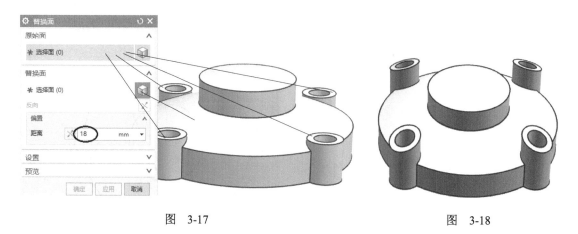

图　3-17　　　　　　　　　　　　　　　　图　3-18

3.4　实例 4

利用同步建模的方法，将图 3-19a 所示三维实体图修改为符合图 3-19b 所示尺寸。

1. 打开原文件

启动 NX 12.0，使用"打开"命令打开零件的三维实体图文件，如图 3-19a 所示。

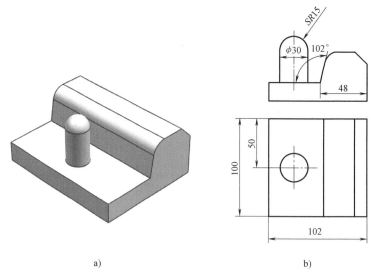

a)　　　　　　　　　　　　　　　　　b)

图　3-19

2. 修改尺寸及形状

使用 🖴 菜单(M) ▾ ▸ →"插入"→"同步建模"→"尺寸"→"线性尺寸"命令，弹出"线性尺寸"对话框；各种选项如图 3-20 所示，最后单击对话框中的"确定"按钮完成操作。

图 3-20

使用 菜单(M) ▸ → "插入" → "同步建模" → "尺寸" → "角度尺寸" 命令，弹出 "角度尺寸" 对话框；各种选项如图 3-21 所示，最后单击对话框中的 "确定" 按钮完成操作。

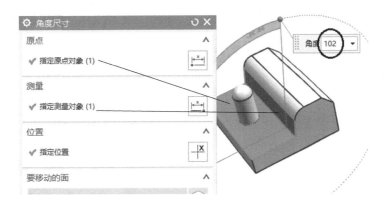

图 3-21

使用 菜单(M) ▸ → "插入" → "同步建模" → "尺寸" → "线性尺寸" 命令，完成图 3-22 所示操作。

使用 "线性尺寸" 命令，完成图 3-23 所示操作。

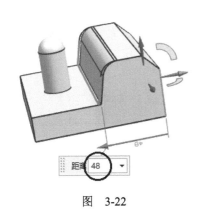

图 3-22

图 3-23

使用"线性尺寸"命令，完成图 3-24 所示操作。

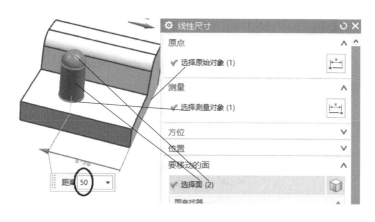

图 3-24

使用 ☰ 菜单(M) ▾ →"插入"→"同步建模"→"尺寸"→"半径尺寸"命令，弹出"半径尺寸"对话框；选项如图 3-25 所示，单击对话框"确定"按钮，完成操作后图形如图 3-26 所示。

图 3-25　　　　　　　　　　　　　　　　　　图 3-26

3.5　实例 5

利用同步建模的方法，将图 3-27a 所示三维实体图修改为符合图 3-27b 所示尺寸。

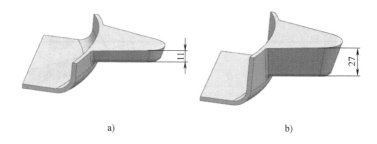

a)　　　　　　　　　　　　　　b)

图 3-27

1. 打开原文件

启动 NX 12.0，使用"打开"命令打开零件的三维实体图文件，如图 3-27a 所示。

2. 修改尺寸及形状

使用 菜单(M) ▾ → "插入" → "同步建模" → "移动面"命令，弹出"移动面"对话框；选项如图 3-28 所示，单击"确定"按钮，完成后的图形如图 3-27b 所示。

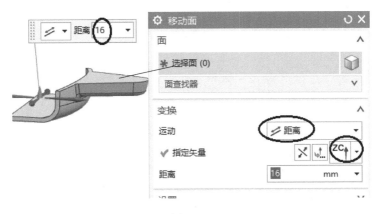

图　3-28

3.6　实例 6

利用同步建模的方法，将图 3-29a 所示二维图形对应的三维实体图修改为图 3-29b 所示二维图形的三维实体图。

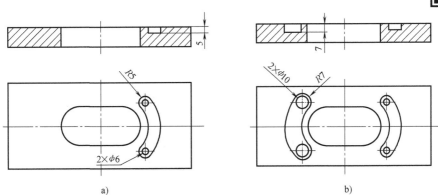

图　3-29

1. 打开原文件

启动 NX 12.0，使用"打开"命令打开零件的三维实体图文件。

2. 修改尺寸及形状

使用 菜单(M) ▾ → "插入" → "同步建模" → "重用" → "复制面"命令，弹出"复制面"对话框；选项如图 3-30 所示，最后单击"确定"按钮。

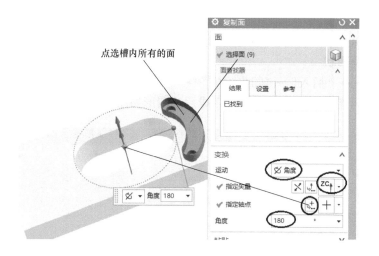

点选槽内所有的面

图 3-30

使用 ▤ 菜单(M)▾ → "插入" → "同步建模" → "重用" → "粘贴面" 命令，弹出 "粘贴面" 对话框；选项如图 3-31 所示，最后单击 "确定" 按钮，完成后图形如图 3-32 所示。

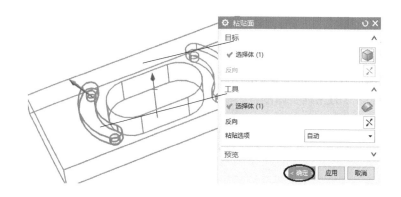

图 3-31

使用 ▤ 菜单(M)▾ → "插入" → "偏置 / 缩放" → "偏置面" 命令，在弹出的对话框里输入偏置数据 "-2"，然后点选左边槽内的特征面，最后单击对话框中的 "确定" 按钮，完成后图形如图 3-33 所示。

图 3-32

图 3-33

3.7　实例 7

利用同步建模的方法，将图 3-34a 所示图形修改为图 3-34b 所示图形。

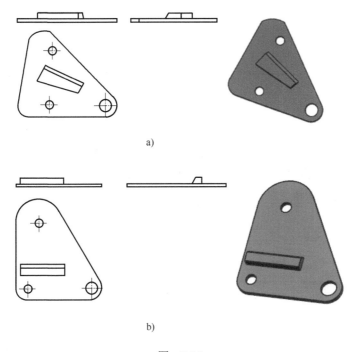

a)

b)

图　3-34

1. 打开原文件

启动 NX 12.0，使用"打开"命令打开零件的三维实体图文件。

2. 修改尺寸及形状

使用 菜单(M) ▾ →"插入"→"同步建模"→"相关"→"设为垂直"命令，弹出"设为垂直"对话框；选项如图 3-35 所示，最后单击"确定"按钮。

使用"同步建模"中的"相关"→"设为相切"命令，弹出"设为相切"对话框；选项如图 3-36 所示，最后单击"应用"按钮。

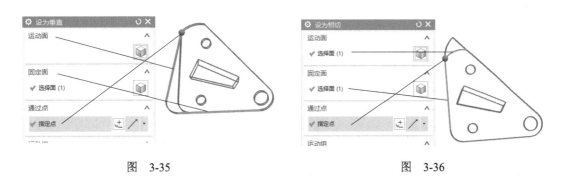

图　3-35　　　　　　　　　　　　　　　图　3-36

继续使用"设为相切"命令，对话框中的选项如图 3-37 所示，最后单击"确定"按钮。

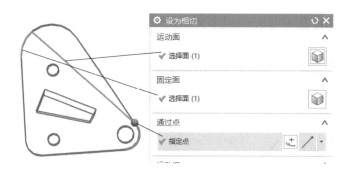

图 3-37

使用"同步建模"中的"相关"→"设为平行"命令，弹出"设为平行"对话框；选项如图 3-38 所示，最后单击"应用"按钮；继续使用"设为平行"命令，完成图 3-39 所示操作，最后单击"确定"按钮。

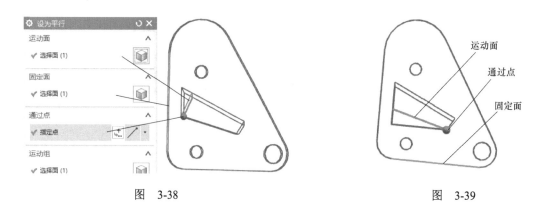

图 3-38   图 3-39

再次使用"同步建模"中的"相关"→"设为垂直"命令，弹出"设为垂直"对话框；在对话框中完成图 3-40 和图 3-41 所示操作。

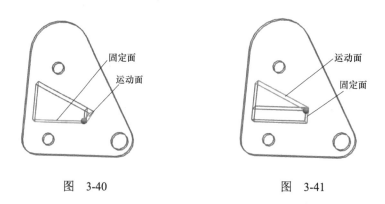

图 3-40   图 3-41

使用"同步建模"中的"相关"→"设为同轴"命令，弹出"设为共轴"对话框；在对话框中完成图 3-42 所示操作。

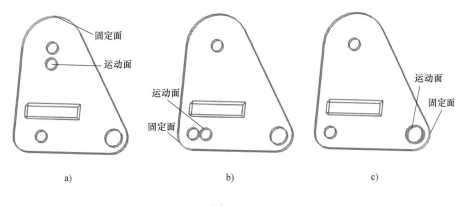

图　3-42

3.8　实例 8

利用同步建模的方法，将图 3-43a 所示图形的三维实体图修改为图 3-43b 所示图形的三维实体图。

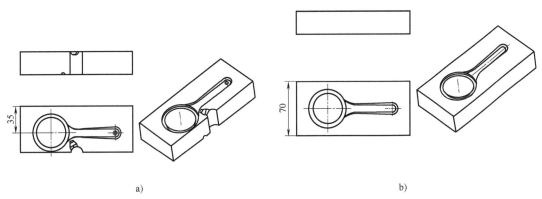

图　3-43

1. 打开原文件

启动 NX 12.0，使用"打开"命令打开零件的三维实体图文件。

2. 修改尺寸及形状

使用 菜单(M) ▼ →"插入"→"同步建模"→"删除面"命令，弹出"删除面"对话框；选项如图 3-44 所示，最后单击"应用"按钮，完成后图形如图 3-45 所示。

继续使用"删除面"命令，选其余要删除的面，最后单击"确定"按钮，完成后图形如图 3-46 所示。

使用"同步建模"中的"替换面"命令，弹出"替换面"对话框；选项如图 3-47 所示，最后单击"应用"按钮，完成后图形如图 3-48 所示。

继续使用"替换面"命令，对话框中的选项如图 3-49 所示，最后单击"确定"按钮，完成后图形如图 3-50 所示。

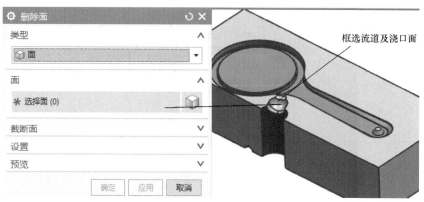

图 3-44

图 3-45

图 3-46

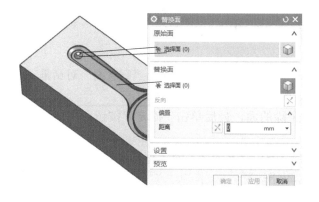

图 3-47

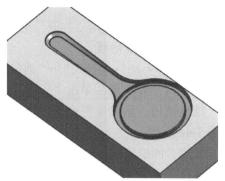

图 3-48

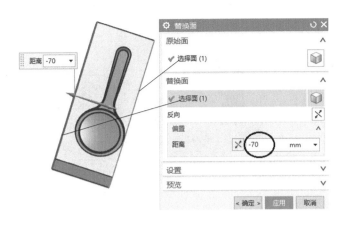

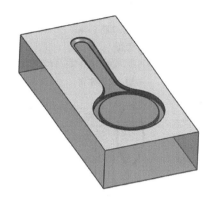

图　3-49　　　　　　　　　　　　　　图　3-50

3.9　实例 9

利用同步建模的方法，将图 3-51a 所示图形的三维实体图修改为图 3-51b
所示图形的三维实体图。

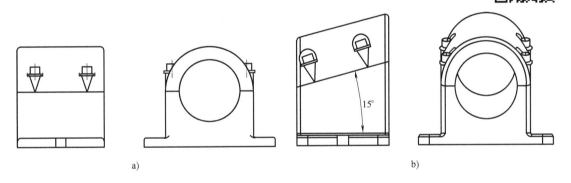

a)　　　　　　　　　　　　　　　　　b)

图　3-51

1. 打开原文件

启动 NX 12.0，使用"打开"命令打开装配文件。

2. 修改尺寸及形状

1）单击"装配导航器"图标 ，如图 3-52 所示，之后在导航器里点虚盖子、螺钉节
点前面的"勾"（关闭零件节点），然后双击基座节点，使之成为可编辑的工作零件，此时视
窗中的图形如图 3-53 所示。

使用 菜单(M) → "插入" → "同步建模" → "尺寸" → "角度尺寸"命令，弹出"角度尺
寸"对话框；选项如图 3-54 所示，最后单击"确定"按钮，完成后图形如图 3-55 所示。

2）在装配导航器里关闭基座节点，双击盖子节点，使之成为可编辑的零件，视窗中的
图形如图 3-56 所示。

图　3-52

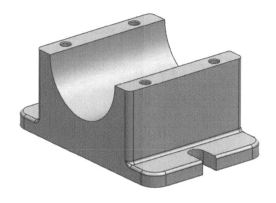

图　3-53

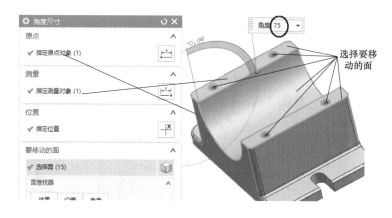

图　3-54

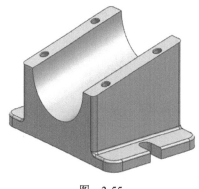

图　3-55

图　3-56

　　使用"同步建模"中的"尺寸"→"角度尺寸"命令，弹出"角度尺寸"对话框；选项如图 3-57 所示（注意要移动的面包括内外圆柱面、2 个与基座接触的面、4 个螺钉孔相关的面），最后单击"确定"按钮，完成后图形如图 3-58 所示。

　　3）在装配导航器里勾选所有的节点并双击装配总节点，此时视窗中的图形如图 3-59 所示。

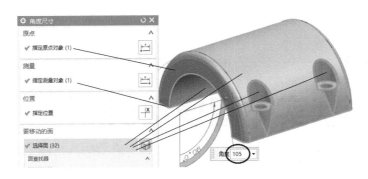

图　3-57

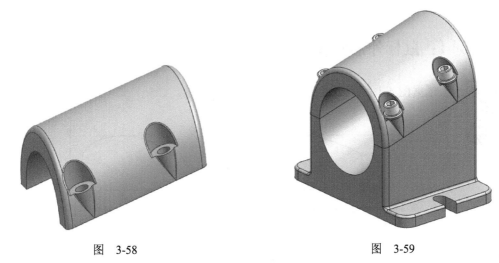

图　3-58　　　　　　　　　　　　　图　3-59

单击"文件"→"保存"→"全部保存",保存装配文件。

第4章

曲面形状实体建模实例

本章将以 15 个典型的曲面实体建模的实例，从简单到复杂地详细介绍各种曲面的构建方法。读者通过本章的学习能较熟练地应用 NX 12.0 构建曲面的命令完成各种形式的曲面实体建模。

4.1 实例 1：鼠标外形实体建模

依据图 4-1 所示二维图形，绘制三维实体图。

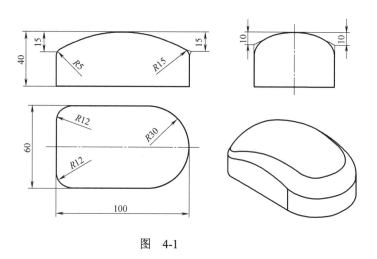

图 4-1

1）以（–50，–30，0）为基点插入长方体（100mm×60mm×40mm），如图 4-2 所示。

2）使用"在任务环境中绘制草图"命令，然后点选视图中的 X-Z 基准平面并绘制图 4-3 所示草图。

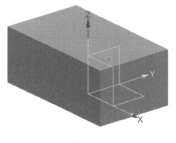

图 4-2

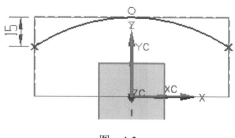

图 4-3

3）使用"在任务环境中绘制草图"命令，然后点选视图中的 Y-Z 基准平面并绘制图 4-4 所示草图。

4）单击 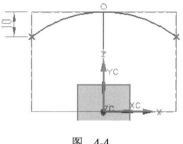 图标→"插入"→"扫掠"→"扫掠"，弹出图 4-5 所示"扫掠"对话框；点选一条圆弧线，然后按两次鼠标中键，再点选另一条弧线，再次按两次鼠标中键，完成弧面的创建，如图 4-6 所示。

5）单击 菜单(M) 图标→"编辑"→"曲面"→"扩大"，弹出图 4-7 所示"扩大"对话框；在对话框中勾选

图　4-4

"全部"，然后单击并按住图形曲面上的点往外拖动，扩大已构建的圆弧曲面，目的是要能完全穿透实体，如图 4-7 所示，最后单击"确定"按钮，完成曲面扩大操作。

图　4-5

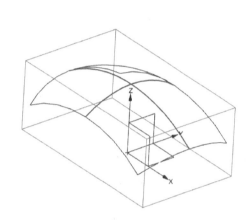

图　4-6

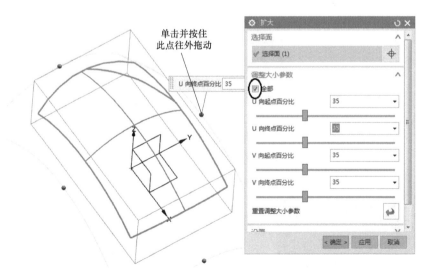

图　4-7

6）利用"修剪体"命令，以长方体为修剪对象，以新建的曲面为工具，如图 4-8 所示，完成修剪操作。

7）将曲线、曲面移至其他图层并关闭这些图层。

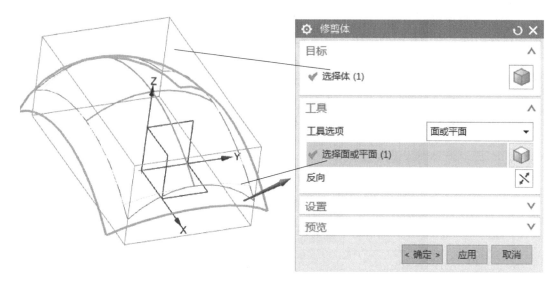

图　4-8

8）利用"边倒圆"命令，倒两个 $R30mm$ 及 $R12mm$ 棱边角，得到如图 4-9 所示图形。

9）再次利用"边倒圆"命令，首先点选要倒圆的边，如图 4-10 所示，然后单击对话框中"变半径"选项下的"指定半径点"图标，弹出"点"对话框，点选倒圆边上的一个半径点后"确定"；再点选不同半径圆的点，每选一个点就输入要倒圆的半径，总共选 4 个点，分别输入 4 个半径，如图 4-11 所示；最后单击"确定"按钮，完成不同半径圆角棱边倒圆创建，得到的图形如图 4-12 所示。

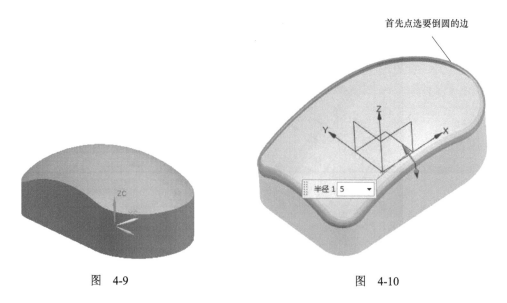

图　4-9　　　　　　　　　　　　　　　　图　4-10

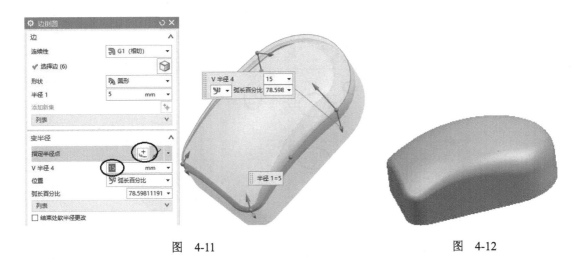

图　4-11　　　　　　　　　　　　　　　　图　4-12

4.2　实例 2：八边形错位异形凸台实体建模

依据图 4-13 所示二维图形，绘制三维实体图。

1）使用"圆柱" 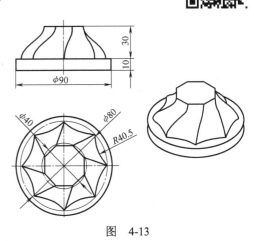命令，加入 ϕ90mm、高 10mm 圆柱实体，如图 4-14 所示；在圆柱上表面画草图，如图 4-15 所示。

2）在草图环境下，使用 菜单(M)▾→"插入"→"来自曲线集的曲线"→"镜像曲线"命令，将草图镜像，结果如图 4-16 所示。

3）重新建立另一草图，对话框中的选项如图 4-17 所示，先点选圆台上平面，再输入距离"30"，指定矢量为"XC"，指定点为原点，然后单击对话框中的"确定"按钮，进入距离圆台上平面 30mm 的平面。单击 菜单(M)▾图标→"插入"→"曲线"→"多边形"，弹出"多边形"对

图　4-13

话框；输入图 4-18 所示数据后选定坐标中心点，然后关闭对话框，此时的草图如图 4-19 所示。

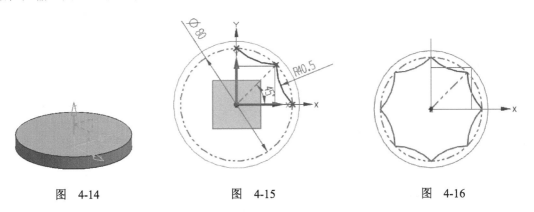

图　4-14　　　　　　　　　　图　4-15　　　　　　　　　　图　4-16

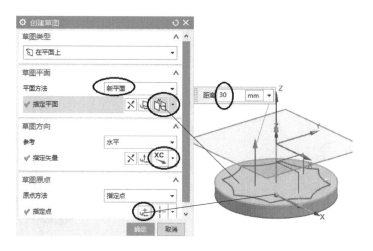

图 4-17

退出草图绘制界面后图形如图 4-20 所示。

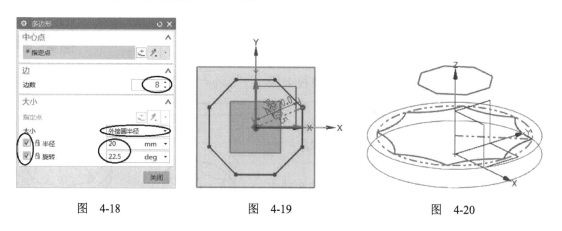

图 4-18   图 4-19   图 4-20

4）使用"直线" 命令（单击 菜单(M)▾ 图标 →"插入"→"曲线"→"直线"），绘制 4 条平行于 Z 轴的辅助线，如图 4-21 所示。

5）使用 菜单(M)▾ →"插入"→"派生曲线"→"桥接"命令，绘制桥接线如图 4-22 所示，注意将两条直线桥接时，点选每一条直线的部位应靠近多边形。

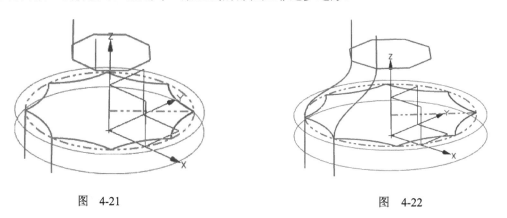

图 4-21   图 4-22

6）单击 菜单(M) 图标 →"插入"→"网格曲面"→"通过曲线网格"，出现图 4-23 所示"通过曲线网格"对话框；先选两条桥接曲线为"主曲线"（注意每点选一个主曲线后要单击鼠标中键以示确认），再单击"交叉曲线"选项下的"选择曲线"，然后选两条交叉曲线（每点选一条交叉曲线后要单击鼠标中键以示确认），最后单击"确定"，如图 4-24 所示。

7）单击"阵列特征" ，弹出"阵列特征"对话框；选项及数据如图 4-25 所示，"指定点"选底面圆的中心，最后单击"确定"，图形如图 4-26 所示。

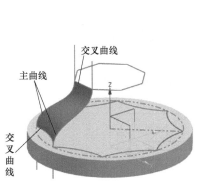

图　4-23　　　　　　　　　　图　4-24　　　　　　　　　　图　4-25

8）单击 菜单(M) 图标 →"插入"→"曲面"→"有界平面"，弹出"有界平面"对话框；点选图形上部八边形的边作为边界线串，然后单击"确定"，做出的上平面如图 4-27 所示。

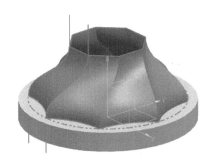
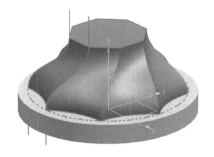

图　4-26　　　　　　　　　　　　　　图　4-27

隐藏下部的圆柱，再使用同样的"有界平面"命令，将曲面下端 8 段圆弧作为边界线串做出下平面，如图 4-28 所示。

9）单击 菜单(M) 图标 →"插入"→"组合"→"缝合"，出现"缝合"对话框；选做好的 8 个网格曲面及上、下有界平面，然后单击"确定"，将这些封闭的曲面缝合成实体。

10）恢复下部圆柱，之后将两个实体移至一单独图层，并关闭其他的图层；再使用"求和" 命令，将圆台和曲面缝合的实体组合成一个实体，最后的图形如图 4-29 所示。

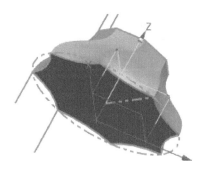

图 4-28 图 4-29

4.3 实例3：三棱曲面凸台实体建模

依据图4-30所示二维图形，绘制三维实体图。

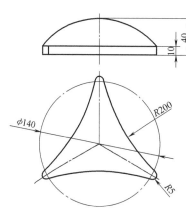

图 4-30

1）单击 图标 →"插入"→"在任务环境中绘制草图"，弹出"创建草图"对话框；点选 X-Y 基准面后绘制如图4-31所示草图。

同样在 X-Z 基准面绘制如图4-32所示草图。

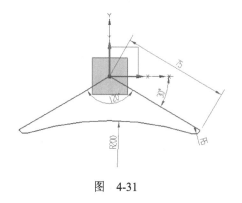
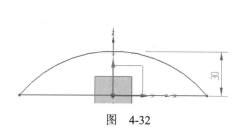

图 4-31 图 4-32

2）完成草图后，使用▤ 菜单(M)·→"插入"→"基准 / 点"→"点"命令，构建圆弧与 Y-Z 基准面的交点，如图 4-33 所示。

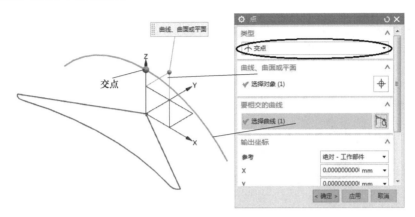

图　4-33

3）单击▤ 菜单(M)·图标 →"插入"→"派生曲线"→"组合投影"，弹出图 4-34 所示"组合投影"对话框；曲线 1 选 X-Y 基准面上的两条直线，单击鼠标中键后，曲线 2 选 X-Z 基准面上的圆弧线，单击对话框中的"确定"按钮后，得到图 4-35 所示两条空间投影曲线。

4）单击▤ 菜单(M)·图标 →"插入"→"网格曲面"→"通过曲线网格"，弹出"通过曲线网格"对话框；先选 X-Y 基准面上的圆弧曲线为第 1 主曲线，然后单击鼠标中键确认，再选 Z 轴上的交点为第 2 主曲线，然后单击鼠标中键，之后选两条交叉曲线（每点选一条交叉曲线后要单击鼠标中键以示确认），最后单击"确定"按钮，出现如图 4-36 所示图形。

5）单击"阵列特征"▤ ，弹出"阵列特征"对话框；对话框中的选项及数据如图 4-37 所示，指定点选底面中心，单击"确定"按钮，图形如图 4-38 所示。

图　4-34

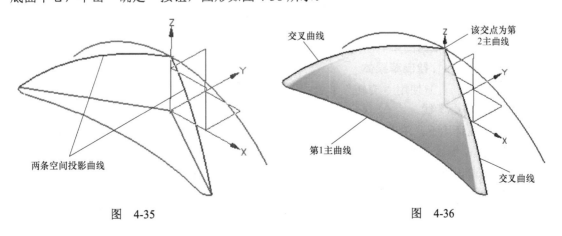

图　4-35　　　　　　　　　　　　　　图　4-36

图　4-37

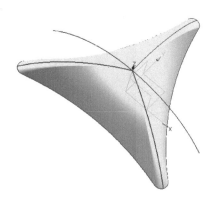

图　4-38

6）单击 ≣ 菜单(M)▾图标 →"插入"→"曲面"→"有界平面"，出现"有界平面"对话框；点选图形底部的边作为边界线串，然后单击"确定"，做出的底平面如图 4-39 所示。

7）单击 ≣ 菜单(M)▾图标 →"插入"→"组合"→"缝合"，出现"缝合"对话框；选做好的3 个网格曲面及底面（有界平面），然后单击"确定"，将这些封闭的曲面缝合成实体。

8）使用"拉伸"命令，将底平面拉伸 10mm 并与已建成的实体"合并"成一体；再将实体移至一单独图层，并关闭其他的图层，最后图形如图 4-40 所示。

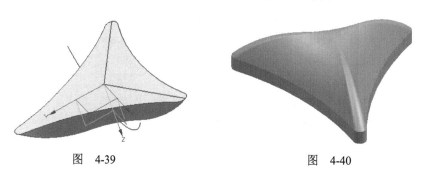

图　4-39

图　4-40

4.4　实例 4：苹果造型实体建模

依据图 4-41 所示二维图形，绘制三维实体图。

1. 绘制苹果体

1）使用"旋转" 🍎 命令，然后在 X-Z 基准平面绘制如图 4-42 所示草图并将图线转换成参考线。

2）在草图环境下，单击 ≣ 菜单(M)▾图标 →"插入"→"曲线"→"艺术样条"，弹出"艺术样条"对话框；然后在参考线框架下点选 10 个点，构成大致曲线轮廓，如图 4-43 所示。

3）在不退出对话框的情况下，单击 ≣ 菜单(M)▾图标 →"分析"→"曲线"→"显示曲率梳"命令，通过移动曲线上的点来辅助调整曲线的形状，另外，单击"艺术样条"对话框中"约束"的选项下拉符号，分别选取点 1 及点 10 与相应的框线相切，如图 4-44 所示。

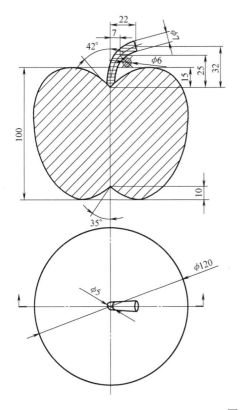

图　4-41

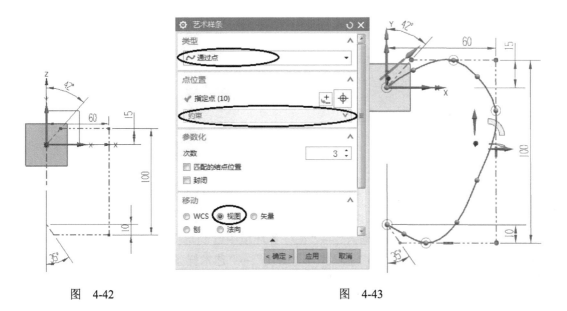

图　4-42　　　　　　　　　　　　　　图　4-43

4）退出"显示曲率梳"，然后再单击"艺术样条"对话框中的"确定"按钮，完成草图如图 4-45 所示。

5）完成草图后将曲线绕 Z 轴及原点旋转，得到图 4-46 所示苹果体图形。

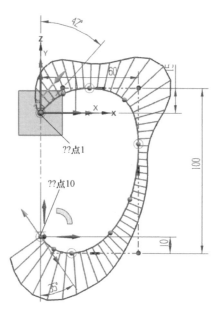

图　4-44

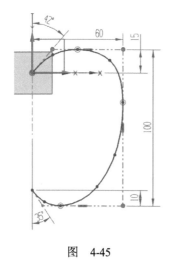
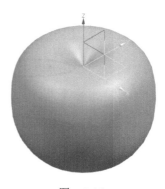

图　4-45　　　　　　　　　　　图　4-46

2. 绘制苹果枝

1）单击 菜单(M)· 图标 →"插入"→"在任务环境中绘制草图"，然后点选 X-Z 基准面。在草图环境下，使用 菜单(M)· →"插入"→"曲线"→"艺术样条"命令，弹出"艺术样条"对话框；指定 3 点，大致绘制苹果枝样条曲线，如图 4-47 所示。

2）单击"艺术样条"对话框中"约束"的选项下拉符号，选取点 1 与 Y 轴相切，如图 4-48 所示，然后单击对话框的"确定"按钮；再在草图环境下标注尺寸，如图 4-49 所示。

3）完成苹果枝的草图后，首先在 X-Y 面上过点（0，0，0）绘制 ϕ5mm 圆，然后在过点（7，0，25）的曲线法平面上绘制 ϕ6mm 圆。绘制草图的具体做法如下：

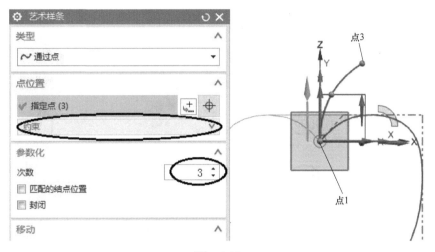

图　4-47

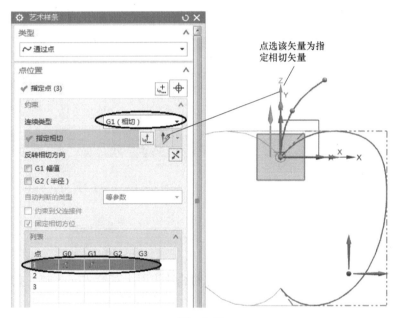

图　4-48

单击 菜单(M) 图标→"插入"→"在任务环境中绘制草图"，弹出"创建草图"对话框。选项如图 4-50 所示，然后单击"指定平面"图标 ，弹出图 4-51 所示"平面"对话框；单击"指定点"图标，弹出图 4-52 所示"点"对话框，输入数据后单击"确定"按钮，回到图 4-51 所示"平面"对话框；单击 指定矢量 ，然后点选苹果枝曲线，要尽可能靠近点（7，0，25）选曲线，如图 4-53 所示，然后单击"确定"按钮，回到图 4-50 所示"创建草图"对话框；再单击对话框中"草图原点"选项下的"指定点"图标 ，输入图 4-52 所示坐标值，单击"确定"→"确定"，进入绘

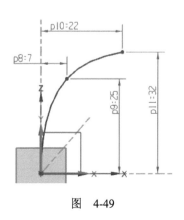

图　4-49

制草图基准面，绘制如图 4-54 所示草图。

图　4-50

图　4-51

图　4-52

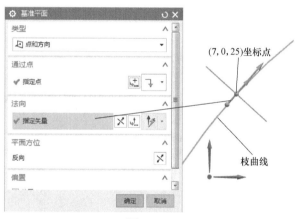

图　4-53

4）参照步骤3）在过点（20，0，32）的曲线法平面上草绘 $\phi7$mm 圆，完成后图形如图 4-55 所示。

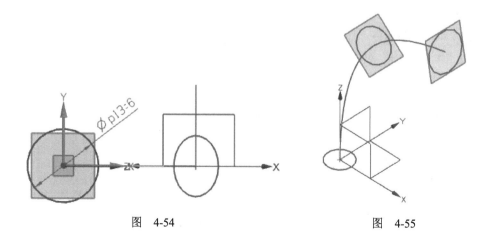

图　4-54　　　　　　　　　　图　4-55

5）使用 ☰ 菜单(M) ▾ → "插入" → "扫掠" → "扫掠" 命令，之后分别点选 3 个圆为截面曲线（注意每选 1 个圆后按鼠标中键确认），然后再点选弧线为引导线，单击"确定"后图形如图 4-56 所示。

3. 两实体合并

打开苹果体图层，将枝和体"合并"，并将整体移至一单独图层，再关闭其他图层，此时图形如图 4-57 所示。

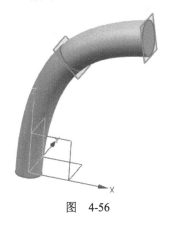

图　4-56

图　4-57

4.5　实例 5：放大镜实体建模

放大镜的二维图形如图 4-58 所示，按要求绘制放大镜的三维实体图。

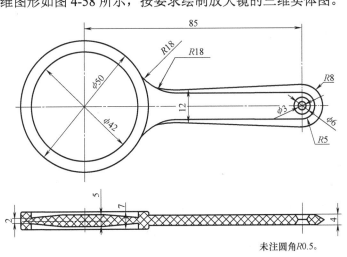

未注圆角R0.5。

图　4-58

1. 绘制镜片部分

使用 ☰ 菜单(M) ▾ → "插入" → "设计特征" → "旋转" 命令，然后点选 X-Z 基准平面并绘制如图 4-59 所示草图，再将已画好的图形绕 Z 轴进行回转操作，完成操作后放大镜的镜片部分如图 4-60 所示。

使用"边倒圆"命令，完成镜面部分的倒圆，结果如图 4-61 所示。

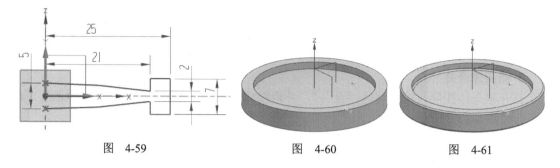

图 4-59　　　　　　　图 4-60　　　　　　　图 4-61

2. 绘制手柄部分

1）为了绘图视窗清晰，最好关闭绘制好的镜片部分：单击 🍜 菜单(M)▾ 图标 →"格式"→"图层设置"，弹出"图层设置"对话框；在"工作层"项输入"21"并回车，此时的绘图工作图层变为 21 层，再关闭图层 1（去掉勾选），如图 4-62 所示，然后关闭对话框。

2）使用 🍜 菜单(M)▾ →"插入"→"在任务环境中绘制草图"命令，然后点选 X-Y 基准平面并绘制如图 4-63 所示草图。

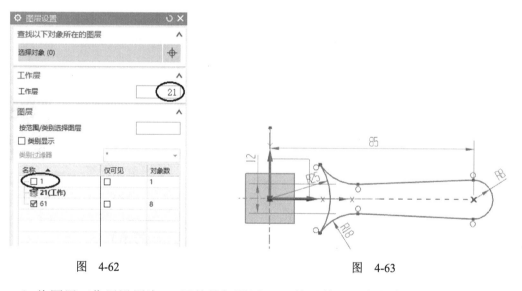

图 4-62　　　　　　　　　　　　　图 4-63

3）将图层工作层设置为 22 层并关闭图层 21，然后使用"在任务环境中绘制草图"命令，在出现的"创建草图"对话框中的选项如图 4-64 所示；然后点选 X-Y 基准面，并输入距离"2"，指定点为点（0，0，0），然后单击"确定"按钮，即可在距 X-Y 基准面 2mm 的平面上绘制如图 4-65 所示草图。

打开图层 21，可见两条空间曲线如图 4-66 所示。

4）设置工作层为图层 2，然后单击 🍜 菜单(M)▾ 图标 →"插入"→"网格曲面"→"通过曲线组"，弹出图 4-67 所示"通过曲线组"对话框。将视窗上方过滤选项修改为 🔵 单条曲线 ▾⌐，再选图 4-67 所示截面线 1，然后单击鼠标中键，再选截面线 2（选前要确保过滤选项为"单条曲线"），然后单击"应用"按钮，出现图 4-67 所示手柄的弧面。再将过滤选项改为"相切曲线"，重复上述步骤选图 4-68 所示截面线 1、截面线 2，单击"确定"按钮，完成手柄侧面构建操作。

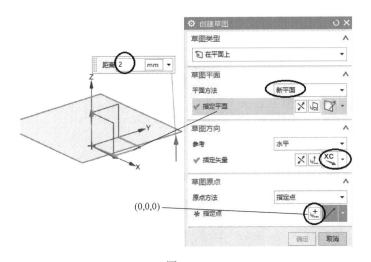

图　4-64

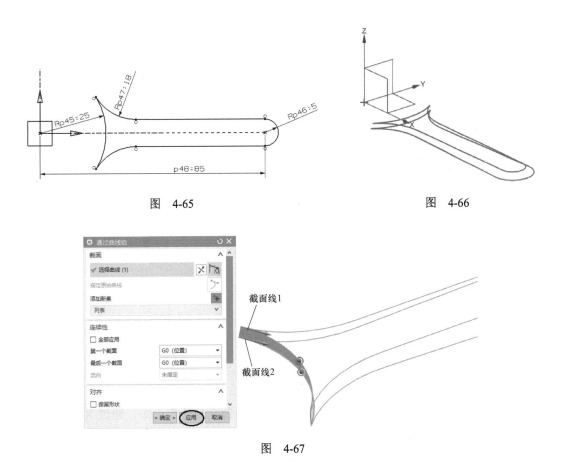

图　4-65　　　　　　　　　　　图　4-66

图　4-67

5）单击 _{菜单(M)} ·图标 →"插入"→"曲面"→"有界平面"，弹出图 4-69 所示"有界平面"对话框；点选上平面的封闭曲线，然后单击对话框中的"应用"按钮，完成上平面的构建，图形如图 4-69 所示；点选下平面的封闭曲线，再单击对话框中的"确定"按钮，完成下平面的构建。

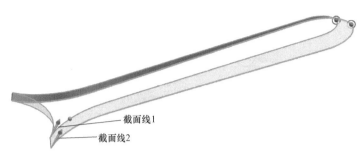

图　4-68

图　4-69

6）单击🔻 菜单(M) ▾图标 →"插入"→"组合"→"缝合"，弹出"缝合"对话框；点选手柄上的任一曲面，单击鼠标中键后再框选手柄的所有曲面，最后单击对话框中的"确定"，按钮，将手柄缝合成实体。

7）单击🔻 菜单(M) ▾图标 →"插入"→"设计特征"→"圆锥"，弹出"圆锥"对话框；输入数据及选项如图 4-70 所示，完成后图形如图 4-70 所示。

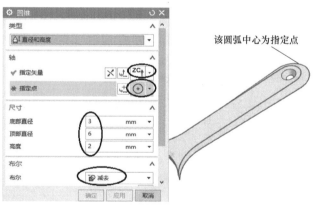

图　4-70

8）使用🔻 菜单(M) ▾→"插入"→"关联复制"→"镜像几何体"命令，通过 X-Y 平面镜像得到如图 4-71 所示完整的手柄图形。

9）使用"合并"命令，将手柄上、下两部分合并成一个实体。

10）关闭图层 21、22，然后使用"边倒圆"命令，将手柄边缘倒圆。

3. 合并两部分及倒圆

打开图层 1 并将其设置为工作层，再使用"合并"命令，将镜片、手柄合并成一个实体。然后将手柄上的锐边按照图样要求倒圆，结果如图 4-72 所示。

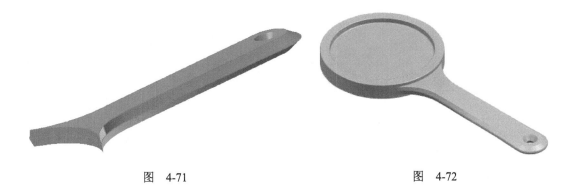

图　4-71　　　　　　　　　　　　图　4-72

4.6　实例 6：多尺寸孔面实体建模

依据图 4-73 所示的零件二维工程图，绘制零件的三维实体图。

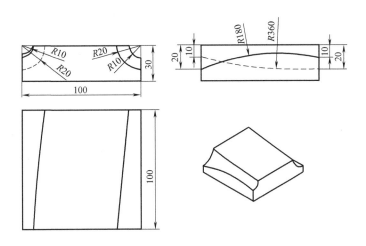

图　4-73

1）创建一个尺寸为 100mm×100mm×30mm 的长方体，如图 4-74 所示。

2）在长方体的四个侧面分别绘制如图 4-75 ～图 4-78 所示草图，全部完成后将图形线框化，如图 4-79 所示。

3）创建曲面。使用 菜单(M) →"插入"→"扫掠"→"扫掠"命令，创建两个曲面，如图 4-80 所示。

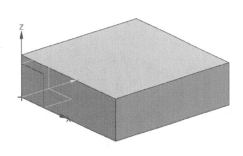

图　4-74

4）修剪。使用"修剪体"命令，将长方体左边角修剪掉，结果如图 4-81 所示。

使用 菜单(M) →"编辑"→"曲面"→"扩大"命令，将右边曲面扩大以穿透实体，如图 4-82 所示。

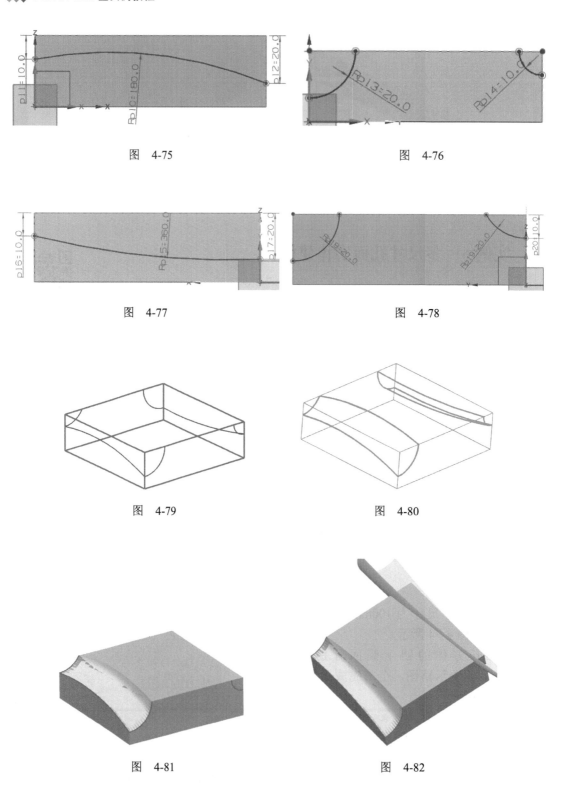

图 4-75

图 4-76

图 4-77

图 4-78

图 4-79

图 4-80

图 4-81

图 4-82

再使用"修剪体"命令,将长方体右边角修剪掉,结果如图 4-83 所示。

5)最后将实体单独移至一个图层且关闭其他图层,结果如图 4-84 所示。

图 4-83

图 4-84

4.7 实例 7：多尺寸槽面实体建模

依据图 4-85 所示的零件二维工程图，绘制零件的三维实体图。

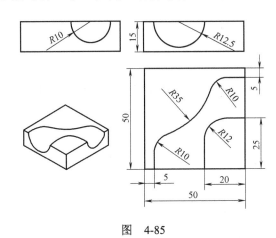

图 4-85

1）创建一个尺寸为 50mm×50mm×15mm 的长方体，如图 4-86 所示。

2）绘制草图。在长方体的顶面绘制如图 4-87 所示草图。在长方体的两侧面绘制相应的草图，结果如图 4-88 所示。

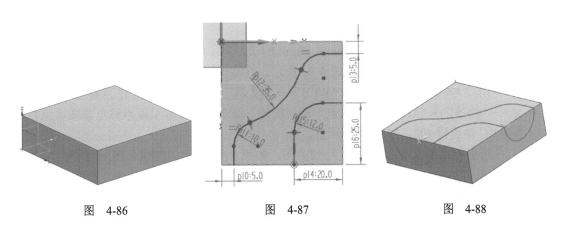

图 4-86   图 4-87   图 4-88

3）创建曲面。使用 ☰ 菜单(M)▼→"插入"→"网格曲面"→"通过曲线网格"命令，创建如图 4-89 所示曲面（隐藏了实体）。

4）修剪。使用"修剪体"命令，将长方体修剪，结果如图 4-90 所示。再隐藏曲线、片体即可。

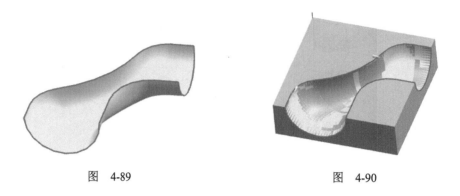

图 4-89   图 4-90

4.8 实例 8：斜凸台实体建模

依据图 4-91 所示的零件二维工程图，绘制零件的三维实体图。

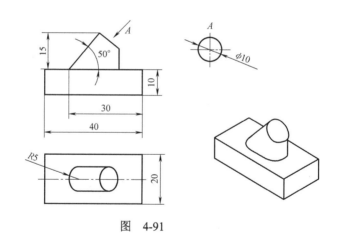

图 4-91

1）创建一个尺寸为 40mm×20mm×10mm 的长方体，如图 4-92 所示。

2）在 X-Z 基准面绘制草图，如图 4-93 所示。

3）使用 ☰ 菜单(M)▼→"格式"→"WCS"→"显示"命令，显示工作坐标系，并使用 ☰ 菜单(M)▼→"格式"→"WCS"→"原点"及"旋转"命令，将坐标系原点移至草图顶点并将坐标系绕 YC 轴旋转 40°，如图 4-94 所示。

4）在新坐标系的 X-Y 基准面上绘制草图，如图 4-95 所示，完成草图后再将坐标系设为绝对坐标系。

5）单击 ☰ 菜单(M)▼图标→"插入"→"基准 / 点"→"点"，弹出"点"对话框；选项如图 4-96 所示，然后单击新画的圆，在上面创建一个点，如图 4-97 所示。

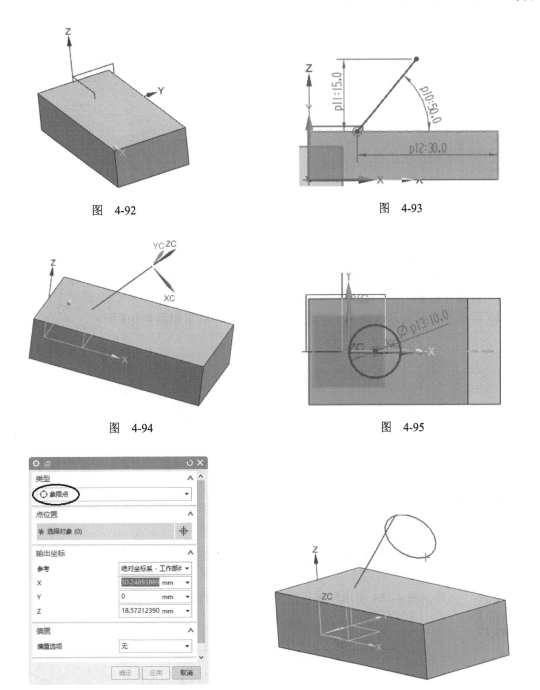

图　4-92

图　4-93

图　4-94

图　4-95

图　4-96

图　4-97

6）在 X-Z 基准面上绘制草图，如图 4-98 所示。

7）在长方体的顶面绘制草图，如图 4-99 所示。注意：草图下方的圆是斜面圆的投影曲线。

8）使用 菜单(M)· → "插入" → "网格曲面" → "通过曲线网格" 命令，创建曲面如图 4-100 所示。

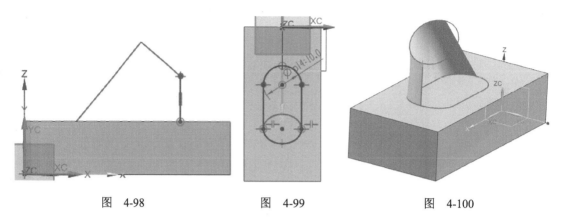

图 4-98　　　　　　图 4-99　　　　　　图 4-100

9）使用 菜单(M)▾→"插入"→"关联复制"→"镜像几何体"命令，相对 X-Z 基准面镜像创建的曲面，结果如图 4-101 所示。

10）使用 菜单(M)▾→"插入"→"曲面"→"有界平面"命令，将上、下两个平面封住，并使用"缝合"命令，使之成为实体，如图 4-102 所示。

11）将斜凸台与长方体合并，再隐藏草图和片体，结果如图 4-103 所示。

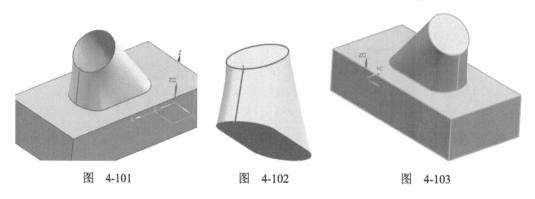

图 4-101　　　　　　图 4-102　　　　　　图 4-103

4.9　实例 9：鞋拔子实体建模

依据图 4-104 所示鞋拔子的二维图形，绘制鞋拔子的三维实体图。

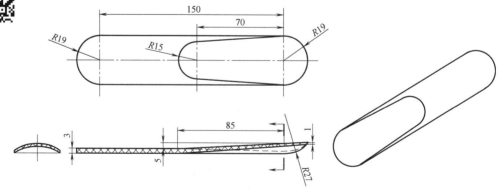

图 4-104

1. 绘制草图

1）在 X-Y 基准面绘制草图，如图 4-105 所示。

2）在 X-Z 平面绘制如图 4-106 所示草图。

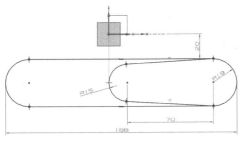

图　4-105

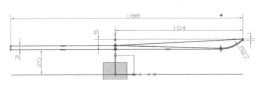

图　4-106

2. 构建空间曲线

1）退出草图，在三维坐标系下的 X-Y
平面及 X-Z 平面的曲线如图 4-107 所示。

2）两个平面曲线向空间投影，产生空
间曲线。

单击 菜单(M) 图标→"插入"→"派生曲
线"→"组合投影"，弹出图 4-108 所示"组
合投影"对话框；将视窗上部过滤选项改
为"相切曲线"，然后选图 4-107 所示曲线
1，按鼠标中键确认，再选图 4-107 所示曲线

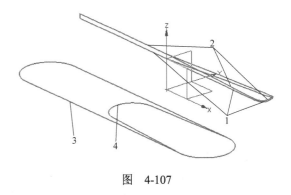

图　4-107

3，单击"应用"按钮，这样即可产生曲线 1 和曲线 3 的空间投影曲线，即图 4-109 所示的
曲线 5。

图　4-108

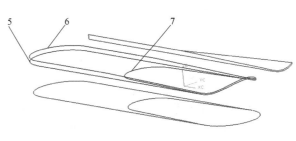

图　4-109

采用同样步骤将图4-107所示的曲线2和曲线3向空间投影，构成空间曲线，如图4-109所示的曲线6。

采用同样步骤将图4-107所示的曲线1和曲线4向空间投影，构成空间曲线，如图4-109所示曲线7。注意：在选曲线时过滤选项为"单条曲线"。

将草图移至另外图层并关闭掉，使用 ⩫ 菜单(M)▾→"插入"→"曲线"→"直线"命令，在曲线6上增加两条相互垂直的直线，如图4-110所示。

3. 构建曲面

1）使用 ⩫ 菜单(M)▾→"插入"→"扫掠"→"扫掠"命令，弹出"扫掠"对话框；根据提示各项选择如图4-111所示。注意：在选曲线时过滤选项为"单条曲线"；每选一条曲线后都要按鼠标中键确认。最后创建如图4-111所示曲面。

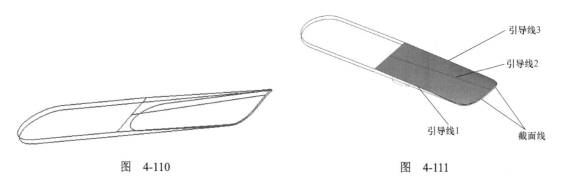

图　4-110　　　　　　　　　　　　　　　图　4-111

2）使用 ⩫ 菜单(M)▾→"插入"→"曲面"→"有界平面"命令，弹出"有界平面"对话框；选图4-112所示的边界线串，然后单击"确定"按钮，绘制出图4-112所示平面。

3）使用 ⩫ 菜单(M)▾→"插入"→"网格曲面"→"通过曲线网格"命令，弹出"通过曲线网格"对话框；将过滤选项改为"单条曲线"，首先选主曲线，每选完一整条主曲线（一条长曲线及一条很短的曲线构成）按一次鼠标中键，然后再选交叉曲线，每选完一整条交叉曲线（两条曲线构成）按一次鼠标中键，如图4-113所示，最后单击"确定"按钮，构建的曲面如图4-113所示。

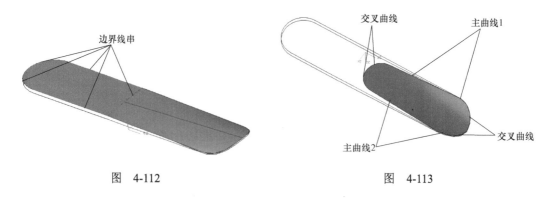

图　4-112　　　　　　　　　　　　　　　图　4-113

再次使用"有界平面"命令构建另一平面，如图4-114所示。

4）使用 ⩫ 菜单(M)▾→"插入"→"网格曲面"→"通过曲线组"命令，弹出"通过曲线组"对话框；将过滤选项改为"相连曲线"，再分别选截面线1、截面线2，注意每选一条线就要按一次鼠标中键确认，最后单击"确定"按钮，完成侧面曲面的创建，如图 4-115 所示。

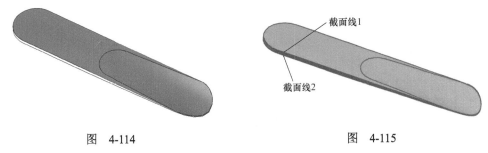

图　4-114　　　　　　　　　　图　4-115

4. 构建实体

单击 菜单(M)·图标→"插入"→"组合体"→"缝合"，或单击图标 ，弹出"缝合"对话框；选择所有的曲面后单击"确定"按钮，将所有的曲面缝合起来，即构成整个鞋拔子实体。

4.10　实例 10：匙子实体建模

依据图 4-116 所示匙子的二维图形，绘制匙子的三维实体图。

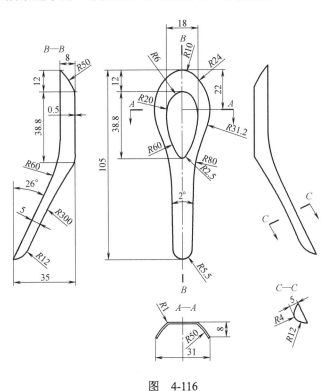

图　4-116

1. 绘制草图

1）在 X-Y 基准面绘制草图（注意使用"延迟评估"的方法），如图 4-117 所示；在草图环境下，使用 菜单(M)·→"插入"→"来自曲线集的曲线"→"镜像曲线"命令，得到完整的草图，如图 4-118 所示。

2）在同一基准面绘制另一草图，先绘制一半然后通过镜像绘制另一半，结果如图4-119所示。

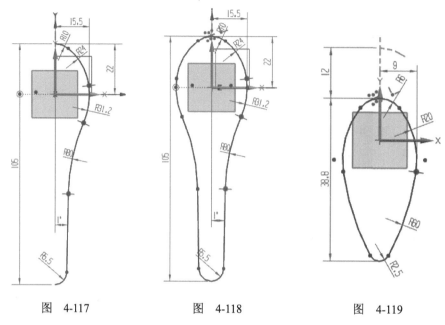

图 4-117   图 4-118   图 4-119

3）在 Y-Z 基准面绘制图 4-120 所示草图，注意在斜线上插入了一个点。

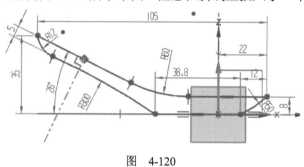

图 4-120

完成三个草图后，视窗中的图形如图 4-121 所示。

2. 构建空间曲线

1）将图 4-121 所示的上方曲线对称拉伸 20mm，拉成片体，如图 4-122 所示。

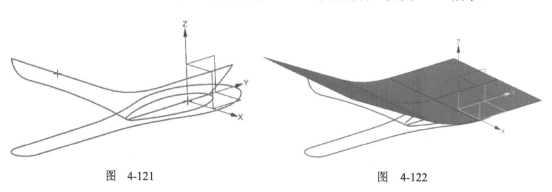

图 4-121   图 4-122

2）使用 菜单(M) ▾ →"插入"→"派生曲线"→"投影"命令，弹出"投影曲线"对话框；先选要投影的曲线，并按中键确认，再选整块片体，将投影方向按图 4-123 所示选择，单击"确定"按钮，完成空间曲线的创建，如图 4-124 所示。

图 4-123

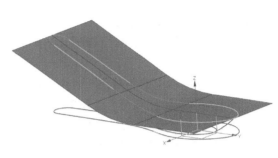

图 4-124

3. 在 C—C 剖面画草图

1）单击 菜单(M) ▾ 图标→"插入"→"在任务环境中绘制草图"，弹出图 4-125 所示"创建草图"对话框。先单击"指定平面"选项再点选草图上的点及直线，然后单击草图原点的"指定点"选项，又弹出"点"对话框，再次点选草图的插入点，然后单击"确定"→"确定"按钮，进入草图绘制界面。

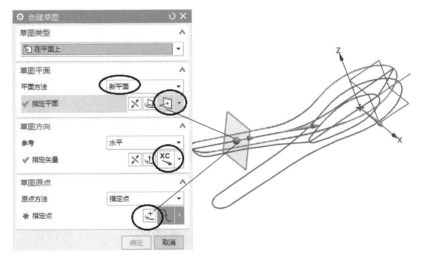

图 4-125

2）在草图环境下，单击 菜单(M) ▾ 图标→"插入"→"来自曲线集的曲线"→"交点"，弹出图 4-126 所示"交点"对话框；分别点选三根曲线（每选一根曲线后按鼠标中键确认），创建如图 4-127 所示三个交点。最后根据这三个控制点绘制如图 4-128 所示草图。

图　4-126

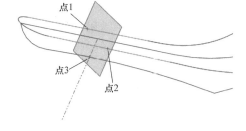

图　4-127

4．构建匙子的空间轮廓曲线

1）在原坐标系的 **X-Z** 基准面绘制 *A-A* 剖面草图。

使用"在任务环境中绘制草图"命令，在草图环境下，单击 菜单(M)▾图标→"插入"→"来自曲线集的曲线"→"交点"，点 1、2、3、4 的构建方法如前所述，其中点 1、2 两点是基准面与空间投影曲线的交点，点 3、4 两点是基准面与匙子

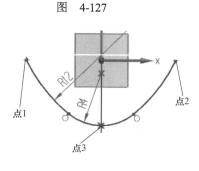

图　4-128

底面草图的交点。绘制如图 4-129 所示草图，并将两段 *R*50mm 的圆弧约束在这些交点上。

2）将所有绘制的草图打开，可见如图 4-130 所示图形。

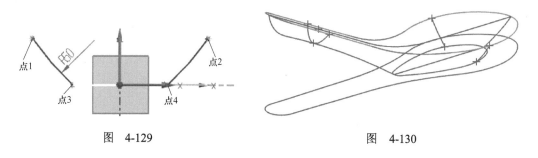

图　4-129　　　　　　　　　　　　　　　　图　4-130

3）桥接曲线。将图 4-131 所示的两条曲线桥接（使用 菜单(M)▾→"插入"→"派生曲线"→"桥接"命令），如图 4-131 所示。

将图 4-132 所示的两条曲线桥接，注意在此次桥接时，尽可能地使桥接后的曲线与图 4-131 中的桥接曲线相交。

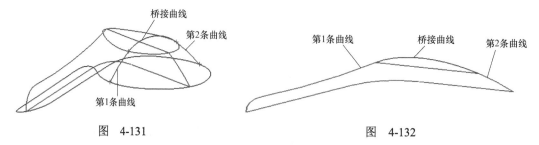

图　4-131　　　　　　　　　　　　　　　　图　4-132

4）将无关的曲线及基准关闭，在视窗中保留相关的曲线，如图 4-133 所示。

5. 作曲面

使用"通过曲线网格"命令，创建图 4-134 所示曲面。

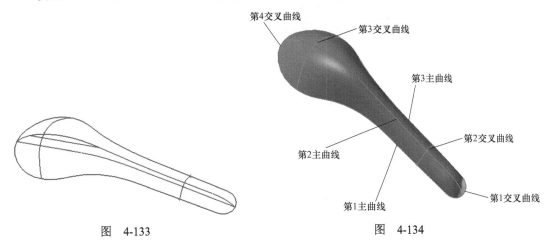

图 4-133　　　　　　　　　图 4-134

6. 构建实体

1）拉伸图 4-118 所示草图，得到的实体如图 4-135 所示。

2）使用"修剪体"命令，分别以片体、曲面、X-Y 基准面作为工具剪切拉伸的实体，得到如图 4-136 所示实体。

3）使用"抽壳"命令，抽壳厚度为 0.5mm，得到的实体如图 4-137 所示。若抽壳操作失败，将"抽壳"对话框中的公差加大即可。

图 4-135

图 4-136　　　　　　　　　图 4-137

4.11　实例 11：鼠标上盖实体建模

依据图 4-138 所示鼠标上盖的二维图形，绘制鼠标上盖的三维实体图。

1. 绘制草图

1）在 X-Y 基准面绘制图 4-139 所示草图。在进入草图界面后，先绘制一 50mm×30mm 矩形并将其转换为参考线，然后使用 菜单(M) ▾ →"插入"→"曲线"→"艺术样条"命令绘制曲线轮廓，使用 菜单(M) ▾ →"分析"→"曲线"→"显示曲率梳"命令辅助调整曲线的形状。

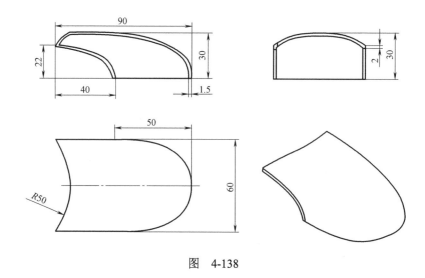

图 4-138

2）在图 4-140 所示距 X-Z 基准面 30mm 的平面绘制草图。同样使用"艺术样条"命令绘制一样条曲线，然后再将曲线偏置 2mm 构建偏置曲线，再绘制两条短直线以将两条曲线封闭，如图 4-141 所示。

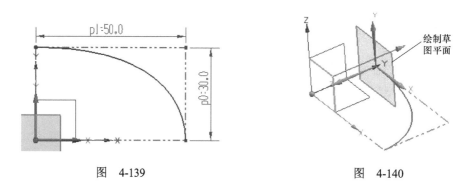

图 4-139　　　　　　　　　　　　　图 4-140

3）在初始的 X-Y 基准面绘制一个 φ100mm 的圆，如图 4-142 所示。

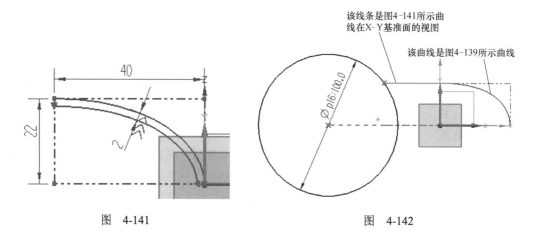

图 4-141　　　　　　　　　　　　　图 4-142

4）在 X-Z 基准面绘制如图 4-143 所示样条曲线。

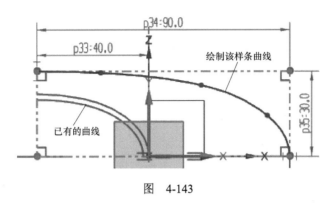

图 4-143

5）在距离 Y-Z 基准面 –40mm 的平面（图 4-144），绘制如图 4-145 所示样条曲线。隐去矩形参考线后，此时完成的所有草图曲线如图 4-146 所示。

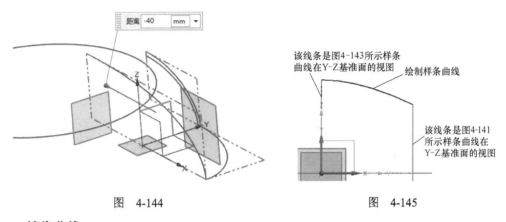

图 4-144   图 4-145

2. 镜像曲线

使用 菜单(M)▾ → "插入" → "派生曲线" → "镜像" 命令，将曲线相对于 X-Z 基准面镜像，得到的图形如图 4-147 所示。

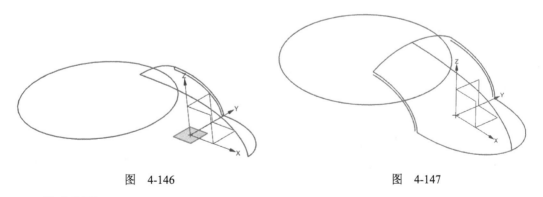

图 4-146   图 4-147

3. 构建曲面

使用 菜单(M)▾ → "插入" → "网格曲线" → "通过曲线网格" 命令，完成曲面构建，如图 4-148 所示。

使用 菜单(M)▾→"插入"→"网格曲面"→"通过曲线组"命令，构建两侧平面，如图 4-149 所示。

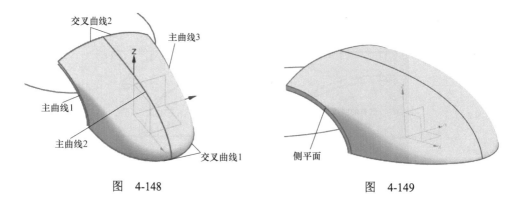

图　4-148　　　　　　　　　图　4-149

使用 菜单(M)▾→"插入"→"组合"→"缝合"命令，将所有片体缝合成一个片体。

4. 构建实体

使用 菜单(M)▾→"插入"→"偏置/缩放"→"加厚"命令，将片体加厚 1.5mm 成为实体，如图 4-150 所示。

使用"拉伸"命令，将草图中的 φ100mm 的圆拉伸并与实体进行布尔"减去"运算。

将实体移至单独图层，再关闭所有其他图层，最终的图形如图 4-151 所示。

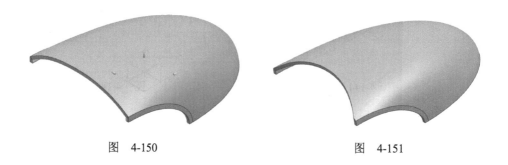

图　4-150　　　　　　　　　图　4-151

4.12　实例 12：螺旋叶轮实体建模

依据图 4-152 所示螺旋叶轮的二维图形，绘制螺旋叶轮的三维实体图。

1）使用 菜单(M)▾→"插入"→"在任务环境中绘制草图"命令，在 X-Y 基准面绘制如图 4-153 所示草图。

2）单击 菜单(M)▾图标→"插入"→"曲线"→"螺旋"，弹出"螺旋"对话框；输入图 4-154 所示数据，然后"应用"，绘出第一条空间螺旋线，再将对话框中的半径大小改为"170"，其他参数不变，如图 4-155 所示，然后单击"确定"按钮，绘出第二条空间螺旋线，此时图形如图 4-156 所示。

3）使用 菜单(M)▾→"插入"→"网格曲面"→"通过曲线组"命令，做出如图 4-157 所示空间曲面。

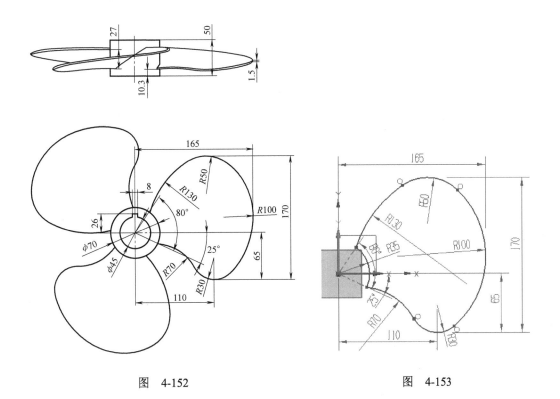

图 4-152

图 4-153

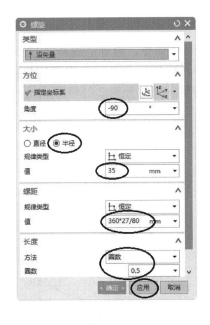

图 4-154

图 4-155

4）使用 ☰ 菜单(M)▾→"插入"→"派生曲线"→"投影"命令，将 X-Y 基准面上的草图投影到空间曲面上，如图 4-158 所示。

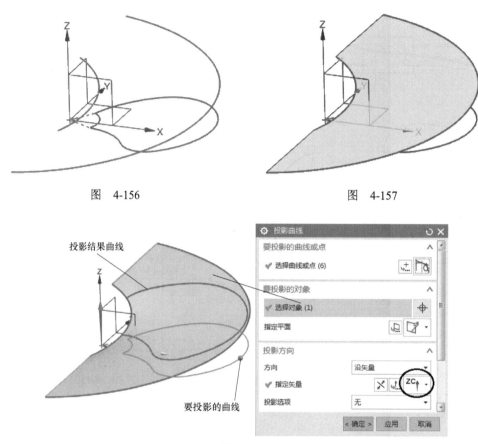

图　4-156　　　　　　　　　　　　图　4-157

投影结果曲线

要投影的曲线

图　4-158

5）使用 菜单(M)▾→"插入"→"修剪"→"修剪片体"命令，得到如图 4-159 所示片体。

6）使用 菜单(M)▾→"插入"→"偏置/缩放"→"加厚"命令，将修剪的片体加厚到
1.5mm；然后将实体移至图层第 2 层，并关闭其他图层，只打开第 2 层和第 61 层，结果如
图 4-160 所示。

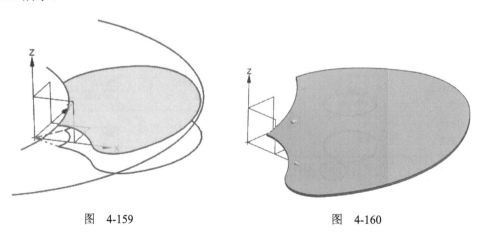

图　4-159　　　　　　　　　　　　图　4-160

7）使用 菜单(M)▾→"插入"→"关联复制"→"阵列特征"命令，将叶轮阵列成 3 片，
如图 4-161 所示。

8）使用"偏置"命令，将 3 个叶片与中间圆柱的接触面向里偏置 0.01mm。

9）使用"圆柱"命令，创建中间圆柱体。在弹出的图 4-162 所示"圆柱"对话框里输入数据并单击"指定点 [图]"，弹出"点"对话框；点选叶片最低点，然后将对话框里的 X 值设为"0"，Y 值设为"0"，Z 值在原值上加"−10.3"，如图 4-163 所示，然后单击"确定"→"确定"按钮，出现如图 4-164 所示图形。

10）使用"合并"命令，将叶片和圆柱合并成一体。

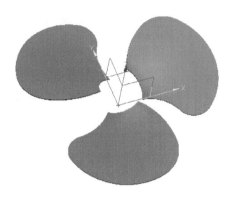

图　4-161

11）使用"拉伸"命令，在圆柱顶面绘制图 4-165 所示草图，完成草图后在"拉伸"对话框输入图 4-166 所示选项。

最后的图形如图 4-167 所示。

图　4-162

图　4-163

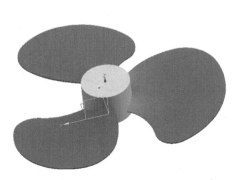

图　4-164

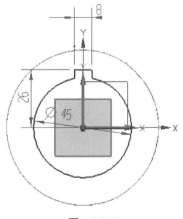

图　4-165

图 4-166

图 4-167

4.13 实例 13：灯罩实体建模

依据图 4-168 所示灯罩的二维图形，绘制灯罩的三维实体图。

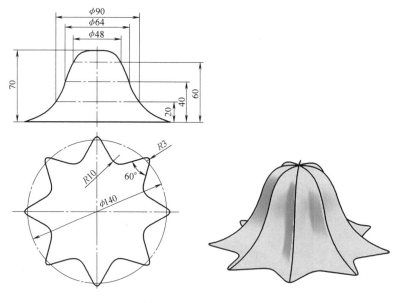

图 4-168

1）绘制任务环境中的草图如图 4-169 所示。

2）使用 菜单(M) ▼ →"插入"→"来自曲线集的曲线"→"阵列曲线"命令，将草图复制 8 等份；然后使用 菜单(M) ▼ →"插入"→"曲线"→"圆角"命令，得到图 4-170 所示草图。

3）完成草图后，使用菜单(M)▼→"插入"→"曲线"→"基本曲线"命令。若没找到"基本曲线"命令，则在视窗右上部查找命令栏里搜索，如图 4-171 所示，然后在弹出的图 4-172 所示"命令查找器"对话框中，右击"基本曲线（原有）"→"在菜单上显示"即可。

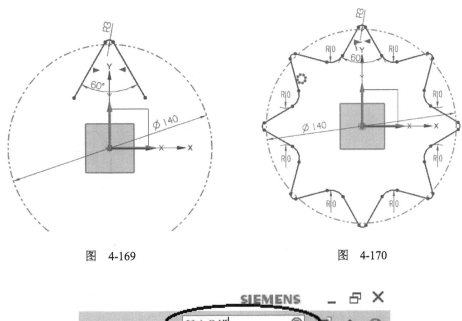

图　4-169　　　　　　　　　　　　　　　图　4-170

图　4-171

图　4-172

使用"基本曲线"命令，弹出图 4-173 所示"基本曲线"对话框；先点选"圆"图标，再点选"点构造器"，弹出"点"对话框，输入圆心坐标如图 4-174 所示，单击"确定"按钮后弹出图 4-175 所示"点"对话框；输入圆弧上一点的坐标如图 4-175 所示，再单击"确定"按钮，完成一个圆的构建，如图 4-176 所示。

图　4-173

图　4-174

图　4-175

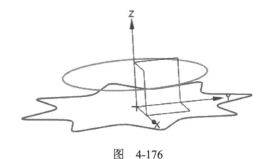

图　4-176

以同样的方法，在点（32，0，40）和点（24，0，60）处构建两个圆，如图 4-177 所示。

4）使用 🗐 菜单(M)▼→"插入"→"基准 / 点"→"点"命令，在（0，0，70）处构建一个点，如图 4-178 所示。

5）使用 🗐 菜单(M)▼→"插入"→"曲线"→"艺术样条"命令，弹出图 4-179 所示"艺术样条"对话框；单击"指定点"，然后点选新构建的点，再单击"点"对话框中的"确定"按钮，回到"艺术样条"对话框；继续单击"指定点"，在弹出的"点"对话框中"类型"下拉选择"象限点",如图 4-180 所示,然后点选草图上部的第一个圆弧,得到一个点,如此类推,再依次点选其他圆弧以及底面的 R3mm 圆弧,得到其他点;最后单击"确定"→"确定",完成一条样条曲线的构建,如图 4-181 所示。

6）使用"阵列特征"命令,复制得到另外 7 条曲线,如图 4-182 所示。

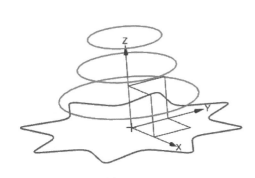

图　4-177

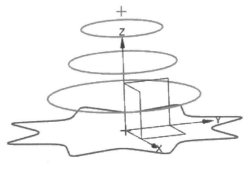

图　4-178

图　4-179

图　4-180

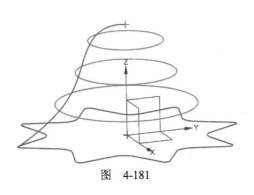

图　4-181

图　4-182

7）使用"通过曲线网格"命令，将底面的一段曲线及顶点作为"主曲线"，以两根相邻的艺术样条曲线作为"交叉曲线"，构建如图 4-183 所示曲面。

8）使用"阵列特征"命令，复制得到另外 7 个曲面，如图 4-184 所示。

9）使用 菜单(M) ▾ →"插入"→"曲面"→"有界平面"命令将底面封住，如图 4-185 所示。

图 4-183   图 4-184   图 4-185

10）使用"缝合"命令将所有的曲面缝合，以构成一个实体。

11）使用 菜单(M) ▾ →"编辑"→"变换"命令，弹出"变换"对话框；点选构建的实体，然后单击"确定"按钮，弹出图 4-186 所示的对话框；单击"比例"按钮，弹出图 4-187 所示"点"对话框，输入缩放基点坐标后单击"确定"按钮，弹出图 4-188 所示对话框；输入比例值"0.95"后单击"确定"按钮，回到图 4-189 所示的"变换"对话框；单击"复制"按钮，然后单击"取消"按钮，完成一个缩小比例的实体复制。

图 4-186

图 4-187

12）使用"减去"命令，以外面的实体为目标，以缩小的实体为工具，完成实体的掏空操作，图形结果如图 4-190 所示。

最后将实体单独移至一个图层，并关闭其他的图层。

图 4-188

图　4-189

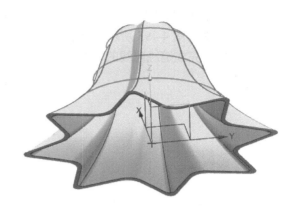

图　4-190

4.14　实例 14：螺旋槽轴实体建模

依据图 4-191 所示二维图形，绘制轴的三维实体图。

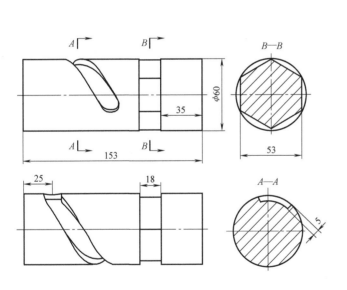

螺旋槽展开图

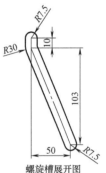

图　4-191

1）使用"圆柱"命令构建 ϕ60mm×100mm 的圆柱体，如图 4-192 所示。

2）绘制螺旋展开曲线及缠绕曲线。将绘图工作层设置为图层第 21 层，再使用▤ 菜单(M)▾→"插入"→"基准 /点"→"基准平面"命令，创建与圆柱相切的基准平面，如图 4-193 所示。

使用"在任务环境中绘制草图"命令，在新创建的基准平面上绘制如图 4-194 所示草图。

图　4-192

将绘图工作层设置为图层第 2 层，使用 菜单(M)▾→"插入"→"派生曲线"→"缠绕 / 展开曲线"命令，弹出图 4-195 所示"缠绕 / 展开曲线"对话框；按照提示选择各项，然后单击"确定"按钮，完成缠绕曲线的创建，图形如图 4-196 所示。

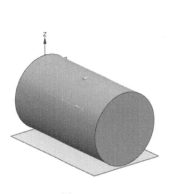

图　4-193

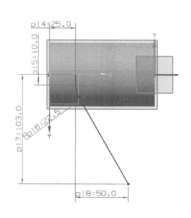

图　4-194

图　4-195

图　4-196

3）创建螺旋槽的修剪工具。使用 菜单(M)▾→"插入"→"扫掠"→"管"命令，将缠绕线扫掠成 ϕ15mm 的管道，再使用"球"命令在缠绕线的两端插入球体，然后使用"求和"命令将管道与球组合成一个实体。

关闭图层第 21 层，此时图形如图 4-197 所示。

使用"修剪体"命令，以圆柱体表面为工具对管道进行修剪，如图 4-198 所示。

4）创建螺旋槽。关闭图层第 1 层，将工作层设置为图层第 3 层。

使用 菜单(M)▾→"插入"→"关联复制"→"抽取几何特征"命令，弹出"抽取几何特征"对话框；选项如图 4-199 所示，完成后关闭图层第 2 层，图形如图 4-200 所示。

使用 菜单(M)▾→"插入"→"偏置 / 缩放"→"加厚"命令，将片体向内侧加厚 5mm 成实体，如图 4-201 所示。注意在选择片体之前将过滤选项改为"单个面"。

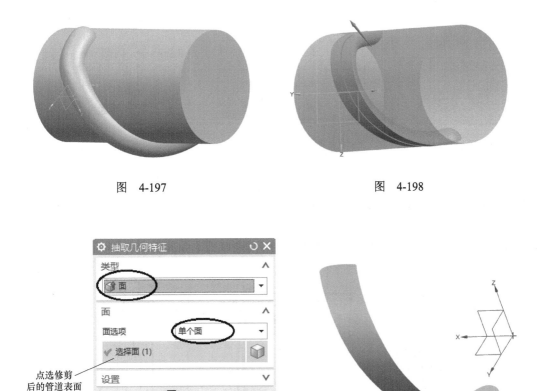

图　4-197　　　　　　　　　　　　　　　　　图　4-198

图　4-199　　　　　　　　　　　　　　　　　图　4-200

将绘图工作层设置为图层第 1 层，使用"减去"命令，以圆柱体为目标，以加厚的片体为工具，在圆柱体上创建螺旋槽；完成后再关闭图层第 3 层，图形结果如图 4-202 所示。

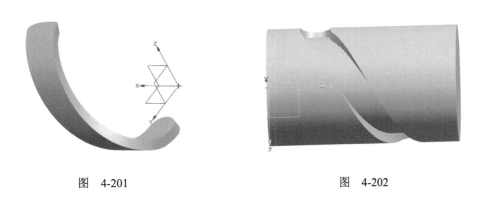

图　4-201　　　　　　　　　　　　　　　　　图　4-202

5）拉伸六边形实体及圆台。使用"拉伸"命令，在圆柱端面绘制如图 4-203 所示草图，拉伸长度为 18mm，完成后的图形如图 4-204 所示。

继续使用"拉伸"命令，在六边形柱体上创建一个 $\phi60$mm×35mm 圆台，最终的图形如图 4-205 所示。

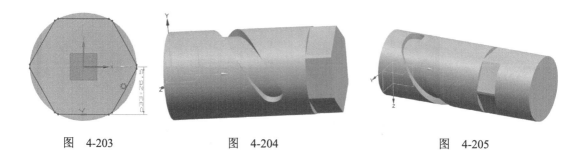

图 4-203   图 4-204   图 4-205

4.15 实例 15：手机外壳实体建模

绘制如图 4-206 所示手机外壳的三维实体图（壁厚为 1.5mm）。

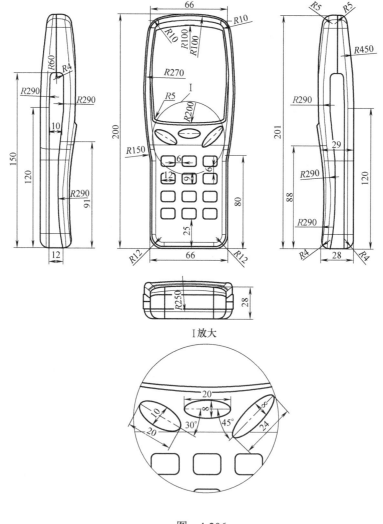

图 4-206

1. 手机整机外形建模

1）使用"拉伸"命令，在 X-Y 基准面绘制草图如图 4-207 所示；将草图沿 Z 轴方向拉伸 50mm，得到的拉伸实体如图 4-208 所示。

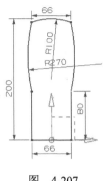

图　4-207

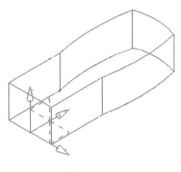

图　4-208

2）"工作层"设置为"2"，并且将第 1 层设为"不可见"。

使用"拉伸"命令，在 Y-Z 基准面绘制草图如图 4-209 所示；将草图沿 X 轴方向对称拉伸 80mm，得到的拉伸曲面如图 4-210 所示。

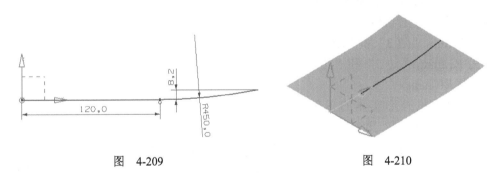

图　4-209

图　4-210

3) 将"工作层"设置为"3"，并关闭其他图层。选择 Y-Z 基准面绘制任务环境中的草图（注意四个圆弧半径都相等），如图 4-211 所示。

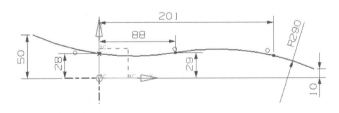

图　4-211

4）将"工作层"设置为"4"，并且第 3 层不关闭。

选择 X-Z 基准面绘制草图，如图 4-212 所示，完成草图后，视窗图形如图 4-213 所示。

使用"扫掠"命令创建曲面，如图 4-214 所示。

5）打开所有图层并设置第 1 层为工作层，此时图形如图 4-215 所示。

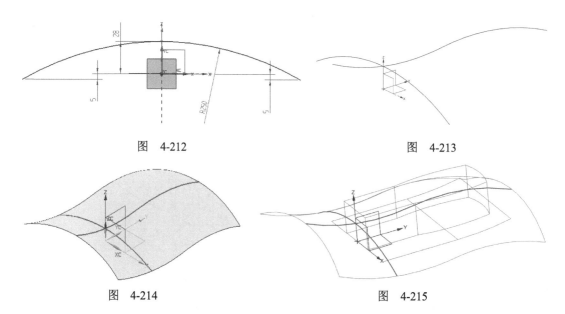

图　4-212　　　　　　　　　　　　　图　4-213

图　4-214　　　　　　　　　　　　图　4-215

使用"修剪"命令，用上、下两个拉伸曲面修剪实体；完成后关闭除第 1 层外的其他图层，此时图形如图 4-216 所示。

6）对图 4-217 所示的实体的 6 条边倒圆角，其中"边 1"和"边 2"的圆角半径为 R150mm，"边 3"和"边 4"的圆角半径为 R12mm，"边 5"和"边 6"的圆角半径为 R10mm。

7）抽取手机外形实体的备份。将"工作层"设为第 11 层，第 1 层可选。

图　4-216

单击 菜单(M)·图标→"插入"→"关联复制"→"抽取几何特征"，弹出图 4-218 所示"抽取几何特征"对话框；将"类型"选为"体"，点选对话框左下角的"固定于当前时间戳记"复选框，再在图形窗口选择手机整机外形实体，最后单击"确定"按钮，将外形实体复制 1 份到第 11 层。

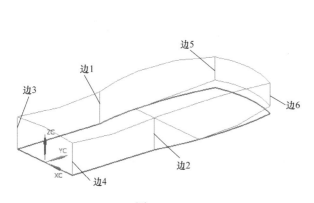

图　4-217

图　4-218

2.　手机中间机芯固定架建模

1）将第 5 层设为工作层，第 61 层可选，关闭其他图层。

使用"拉伸"命令，选择 Y-Z 基准面绘制草图，如图 4-219 所示。

圆弧 1 和 2、圆弧 2 和 3 相切；圆弧 2、3 的半径相等；圆弧 2 的左端点在基准轴上。

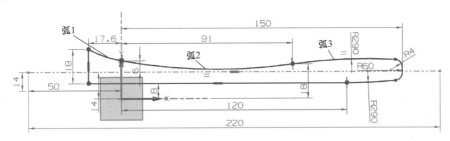

图　4-219

对称拉伸，距离为 100mm，结果如图 4-220 所示。

2）抽取手机中间机芯固定架实体的备份（以备手机后壳造型用）。将第 12 层设为工作层，第 5 层可选。

单击 菜单(M)▾ 图标→"插入"→"关联复制"→"抽取几何特征"，弹出"抽取几何特征"对话框；"类型"选"体"，

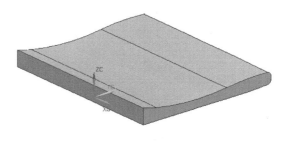

图　4-220

点选对话框左下角的"固定于当前时间戳记"复选框，再在图形窗口选择刚刚拉伸的实体，最后单击"确定"按钮，将手机中间机芯固定架实体备份到 12 层。

将第 13 层设为工作层，第 5 层可选。再次抽取手机中间机芯固定架实体的备份（以备手机前壳造型用）到第 13 层。

3）将第 5 层设为工作层，第 11 层可选，其余图层不可见。对手机整机外形实体和中间机芯固定架实体求"相交"，"相交"对话框的选项如图 4-221 所示；完成后关闭第 11 层，视窗图形如图 4-222 所示。

图　4-221

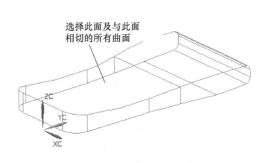

图　4-222

4）使用"抽壳"  命令，选择曲面
如图 4-222 所示，再将对话框中的"厚
度"修改成"2.5"，单击"确定"按钮，
得到机芯固定架外壳，如图 4-223 所示。

3. 手机后壳建模

1）将第 11 层设为工作层，第 61 层
可选，关闭第 5 层。

图　4-223

使用"修剪体"命令，利用距 X-Y 基准面 14mm 处的平行平面修剪手机外形实体，并
去掉实体上部，得到的图形如图 4-224 所示。

使用 菜单(M)▼ →"插入"→"细节特征"→"拔模"命令，对手机后壳实体倒拔模斜度，
参数如图 4-225 所示。

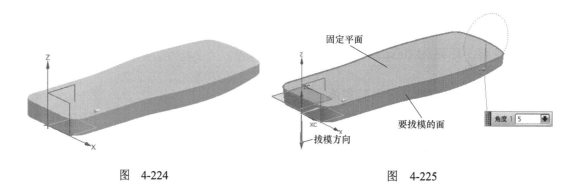

图　4-224   图　4-225

2）打开第 12 层，图形如图 4-226 所示。

使用"减去"命令，将后壳实体和中间实体相减，得到的后壳实体如图 4-227 所示。

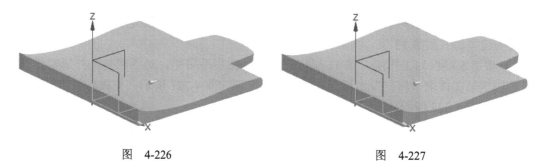

图　4-226   图　4-227

对新生成的后壳实体的底面边缘倒大小为 R6mm 的圆角。

使用"抽壳"  命令，选择图 4-227 实体的所有顶面，再将对话框中的"厚度"修改成
"1.5"，单击"确定"按钮，得到的手机后壳如图 4-228 所示。

3）创建后壳配合处舌头槽。用拉伸的方法，选择后壳顶部靠里的一条边（图 4-229），
沿 −ZC 方向拉伸出手机合紧处的舌头，参数设置如图 4-230 所示。

将新创建的舌头实体的两端面（图 4-231）各向外偏置 1mm，以穿透需要减去的面。

以后壳为目标体，以新创建的舌头实体为工具体，执行"减去"操作，得到手机后壳
的最终造型，如图 4-232 所示。

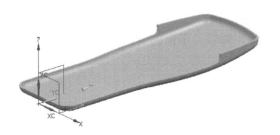

图　4-228

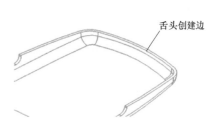

图　4-229

图　4-230

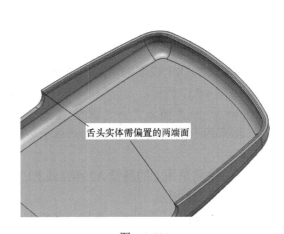

图　4-231

4. 手机前壳建模

1）创建手机前壳实体外形。

将第 1 层设为工作层，第 61 层可选，关闭其他图层。

使用"修剪体"命令，用平行于 X-Y 且偏置 14mm 的基准面修剪手机外形实体，修剪方向为"–ZC"，得到手机前壳实体，如图 4-233 所示。

图　4-232

图　4-233

对手机前壳实体倒拔模斜度，参数如图 4-234 所示。

打开第 13 层，显示出中间机芯固定架实体，再以显示出的实体为工具对前壳实体执行"减去"操作，结果如图 4-235 所示。

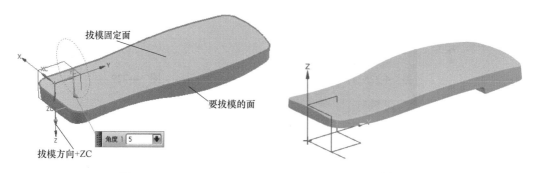

图　4-234　　　　　　　　　　　　　　图　4-235

2）创建前壳显示屏。将第 6 层设为工作层，第 1 层、第 61 层可选，再选择 X-Y 基准面画草图，如图 4-236 所示。

使用 菜单(M) ▾ →"插入"→"偏置 / 缩放"→"偏置曲面"命令，将前壳实体上表面向下复制一个偏置距离为 2mm 的面，如图 4-237 所示。

使用 菜单(M) ▾ →"插入"→"派生曲线"→"投影"命令，将草图上的圆弧 A1 投影到实体上表面，如图 4-238 所示。

以同样的方法将草图上的圆弧 A2 和直线 L1 投影到偏置曲面，如图 4-238 所示。

使用"通过曲线组"命令，选择三条投影线（注意每选一条投影线后单击鼠标中键确认），最后单击"确定"按钮，完成曲面的构建。

使用"拉伸"命令，在弹出的"拉伸"对话框中的选项如图 4-239 所示，选刚刚创建的自由曲面进行拉伸，得到的前壳实体如图 4-240 所示。

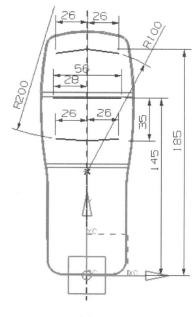

图　4-236

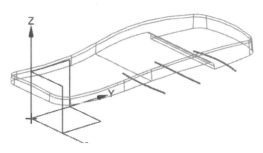

图　4-237

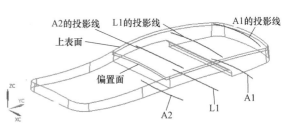

图　4-238

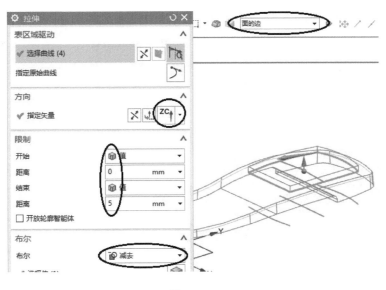

图　4-239

将第 1 层设为工作层，关闭第 6 层。

使用 ![菜单] 菜单(M) ▾ →"插入"→"细节特征"→"拔模"命令，对图 4-241 所示图形部位拔模，"拔模"对话框中的选项如图 4-242 所示。

使用"边倒圆"命令，选择图 4-243 所示的边 1、边 2 倒圆 R5mm。

再次使用"边倒圆"命令，选"变半径"，指定 4 个点并分别输入所要求的半径，如图 4-244 所示，"确定"后完成不同半径的边倒圆。

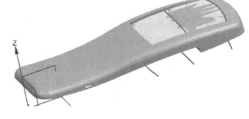

图　4-240

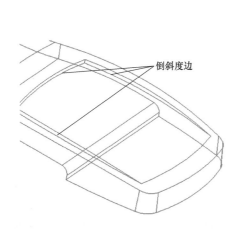

图　4-241

图　4-242

使用"抽壳"命令，抽壳壁厚为 1.5mm，完成后手机前壳如图 4-245 所示。

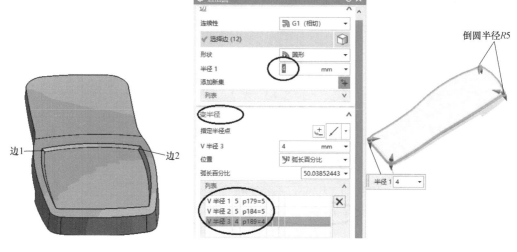

图　4-243　　　　　　　　　　　　　　　图　4-244

使用"拉伸"命令，弹出"拉伸"对话框；选项如图 4-246 所示，单击"确定"按钮，完成前壳配合处舌头创建。

3）创建手机前壳按键孔的参考线。将第 7 层设为工作层，第 1 层可选，并将视图置于"静态线框"模式和"俯视图"状态。

使用 菜单(M)▼→"插入"→"曲线"→"直线"命令，画垂直参考线 1，起点坐标为（9，0，0），终点坐标为（9，100，0）。

依上述方法画垂直参考线 2，起点坐标为（-9，0，0），终点坐标为（-9，100，0）。

依上述方法画水平参考线，起点坐标为（-50，22，0），终点坐标为（50，22，0）。

使用 菜单(M)▼→"插入"→"派生曲线"→"偏置"命令，选择水平参考线，对话框选项如图 4-247 所示，单击"确定"按钮。

4）创建手机前壳按键孔。使用"拉伸"命令，在 X-Y 基准面绘制如图 4-248 所示草图。创建三个椭圆的步骤如下：

单击 菜单(M)▼图标→"插入"→"曲线"→"椭圆"，弹出图 4-249 所示"椭圆"对话框，输入数据后绘制中间椭圆。

以同样的方法绘制左边椭圆，指定点坐标为（-20，95，0），大半径为 10mm，小半径为 5mm，旋转角为 -30°。

以同样的方法绘制右边椭圆，指定点坐标为（20，95，0），大半径为 12mm，小半径为 4mm，旋转角为 45°。

完成草图后，在"拉伸"对话框输入选项如图 4-250 所示，单击"确定"按钮后视窗图形如图 4-251 所示。

图　4-245

再次使用"拉伸"命令，绘制图 4-252 所示草图。

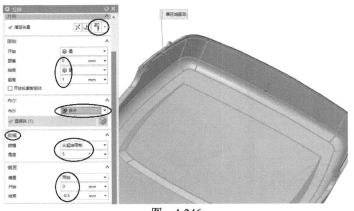

图　4-246

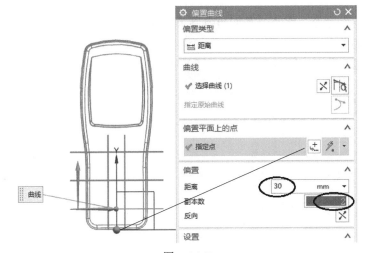

图　4-247

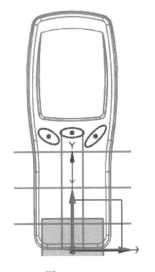

图　4-248

图　4-249

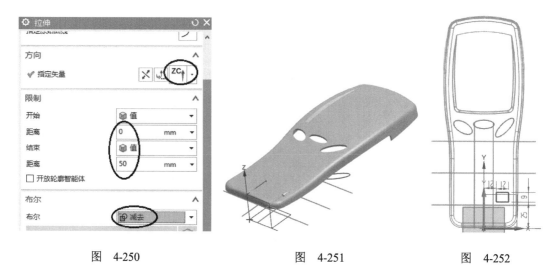

图　4-250　　　　　　　　　　图　4-251　　　　　　　　图　4-252

　　使用"边倒圆"命令，将小方孔四角倒圆 R2mm。

　　使用"阵列特征"命令，阵列小方孔，"阵列特征"对话框中的选项如图 4-253 所示，单击"确定"按钮，图形如图 4-254 所示。

图　4-253　　　　　　　　　　　　　　图　4-254

　　5）创建手机前壳加强筋。使用菜单(M) ▼ →"编辑"→"移动对象"命令，选择 5 条参考线，对话框设置如图 4-255 所示，单击"确定"按钮，图形如图 4-256 所示。

　　使用"拉伸"命令，依次选择移动后的 3 条横向参考线，方向为"ZC"方向，其他对话框参数如图 4-257 所示，在图形窗口选择手机前壳模型，单击"应用"按钮，然后再点选 2 条竖直参考线，参数同图 4-257，然后单击"确定"按钮，图形如图 4-258 所示。

　　将第 1 层设为工作层，关闭其他图层，此时图形如图 4-259 所示。

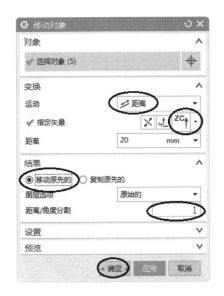

图　4-255

图　4-256

图　4-257

图　4-258

6）将第 1 层的手机前壳实体图形单独导出为独立的文件。

单击"文件"→"导出"→"部件"，弹出图 4-260 所示"导出部件"对话框；单击"指定部件"，弹出"选择部件名"对话框，输入文件名"手机前壳"，单击"OK"按钮，回到图 4-260 所示对话框；单击"类选择"，弹出"类选择"对话框，再点选视窗中的图形实体，单击"确定"→"确定"按钮，将视窗中的实体

图　4-259

图形以文件名"手机前壳"的部件文件导出为单独的文件。

使第 5 层、11 层可选，整个手机外壳如图 4-261 所示。

图　4-260　　　　　　　　　　图　4-261

第5章

二维工程图实例

本章将以2个比较典型的实例，分别用两种方法介绍建立二维工程图和NX 12.0制图模块的功能，包括由三维图转为二维工程图的方法和过程，主要有二维工程图视图的建立、剖面的构建、尺寸的标注等。读者通过本章的学习能基本掌握NX 12.0制图模块的功能。

5.1 实例1

绘制图5-1所示的二维工程图。

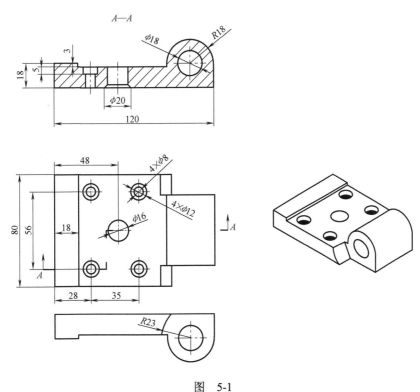

图 5-1

1. 建立图样文件

单击"新建文件" ⬜，弹出"新建"对话框；选项如图5-2所示，最后单击对话框底端部件名称后的 🔲 按钮，在接下来的对话框继续单击 🔲 按钮，通过查找文件存储路径打开零件的三维模型图，然后单击"确定"→"确定"→"取消"，出现图5-3所示的图纸页并进入了工程图环境。

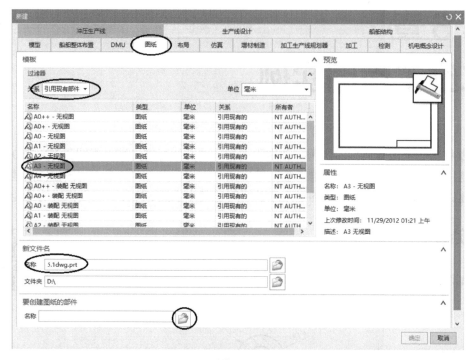

图 5-2

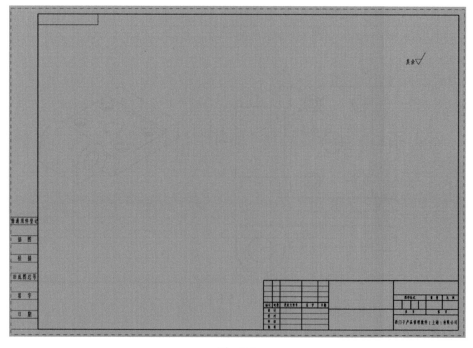

图 5-3

2. 添加视图

1）添加基本视图。单击 菜单(M)▾ 图标→"插入"→"视图"→"基本"，或单击视窗上部工具条中的"基本视图"，弹出"基本视图"对话框，如图 5-4 所示。

　　在弹出的"基本视图"对话框选择如图 5-4 所示选项，然后在图纸的虚线框内部的合适位置单击鼠标的左键，添加三维模型的俯视图，作为图样的主视图，然后单击主视图的下方添加一个俯视图，然后"关闭"对话框。

　　单击 菜单(M) 图标→"插入"→"视图"→"基本"，或单击工具条中的"基本视图"，弹出"基本视图"对话框。在对话框中"模型视图"区域的下拉列表中选择"正等测图"，如图 5-5 所示，然后在图纸的右下方单击鼠标左键，加入一个三维正等轴测图，然后"关闭"对话框。此时，整个视图如图 5-6 所示。

图　5-4　　　　　　　　　　图　5-5

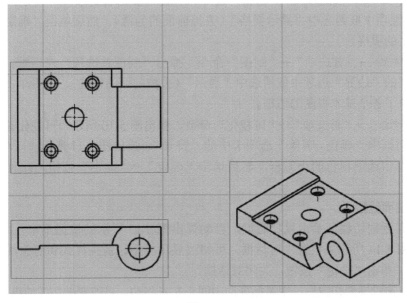

图　5-6

2）添加阶梯剖视图。单击 菜单(M)▼图标→"插入"→"视图"→"剖视图"，或单击工具条中的"剖视图" ，弹出图5-7所示"剖视图"对话框。首先单击图样中要剖切的 $\phi16mm$ 孔作为截面线段的指定位置，再单击对话框中截面线段的"指定位置"，然后单击俯视图左下要剖切的 $\phi12mm$ 孔作为阶梯截面线段的指定位置；再单击对话框中视图原点的"指定位置"。然后在图样的上方单击鼠标左键，最后"关闭"对话框，此时视图如图5-8所示。

图 5-7

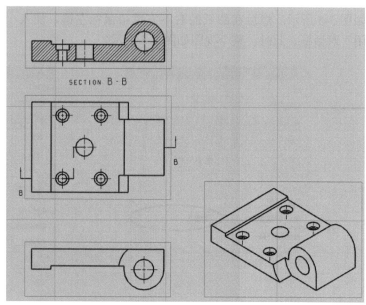

图 5-8

3. 修改工程图设置

使用 菜单(M)▼→"首选项"→"栅格"命令，弹出"栅格首选项"对话框；在对话框的"栅格设置"选项中取消选中"显示栅格"（去掉前面的勾选），然后单击"确定"按钮，即去掉了图纸上的栅格。

使用 菜单(M)▼→"首选项"→"制图"命令，弹出"制图首选项"对话框；如图5-9所示，在对话框的"边界"选项中取消选中"显示"（去掉前面的勾选），然后单击"确定"按钮，即消除掉了各个基本视图的边框。

使用 菜单(M)▼→"首选项"→"可视化"命令，弹出图5-10所示"可视化首选项"对话框；单击对话框中"颜色/字体"选项卡中的"背景"，弹出图5-11所示"颜色"对话框，在对话框中单击选中白色的小方框，然后单击"确定"→"确定"按钮，此时的图形如图5-12所示。

4. 修改截面线型

将鼠标靠近剖切线，单击鼠标右键，自动弹出图5-13所示的快捷菜单；单击"设置"命令，弹出图5-14所示"设置"对话框，可修改显示类型、箭头样式和箭头线的尺寸，如图5-14所示，单击"确定"按钮，关闭对话框。

另外，双击阶梯剖切线后，用鼠标拖动中间点左右移动，可改变剖切线的纵向剖切位置；也可用鼠标拖动孔中间的点上下移动，进而改变剖切线的横向剖切位置，如图5-15所示。

图　5-9

图　5-10

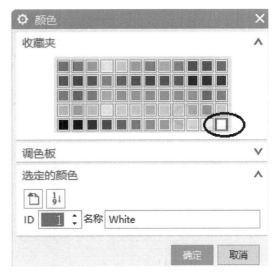

图　5-11

5. 修改剖面线

若剖面线太密，可以将剖面线距离变大；对于不同材料的零件，剖面线的形式不一样。若要对剖面线进行修改，可鼠标右击剖面线的区域，弹出图 5-16 所示快捷菜单，然后单击"设置"，弹出图 5-17 所示"设置"对话框，可对所需要的项目进行修改。

6. 标注尺寸

单击📄菜单(M)▾图标→"插入"→"尺寸"→"快速"，或直接单击工具条上的"快速"🔧，弹出"快速尺寸"对话框；对话框中的"测量方法"有对应多种尺寸标注的选项，可根据需要在下拉列表中选取，如图 5-18 所示，最终标注尺寸如图 5-1 所示。

单击"快速尺寸"对话框中的"设置"按钮，如图 5-19 所示，弹出图 5-20 所示"快速尺寸设置"对话框；此时可对尺寸单位、尺寸保留的小数点位数、公差的标注等进行设置。

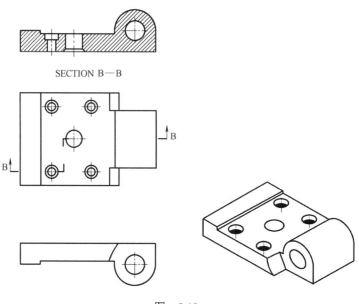

图　5-12

图　5-13

图　5-14

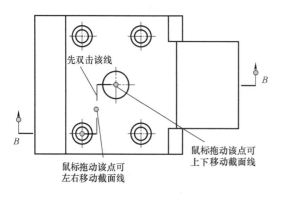

图　5-15

图　5-16

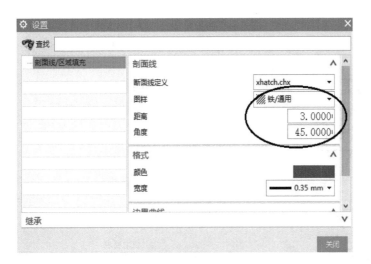

图　5-17　　　　　　　　　　　　　　　　　图　5-18

图　5-19　　　　　　　　　　　　　图　5-20

若要从工程图回到三维建模状态，则在视窗上部的功能模块选项卡中单击"应用模块"→"建模"，如图 5-21 所示，即回到三维建模状态。

图　5-21

5.2　实例 2

绘制图 5-22 所示的二维工程图。

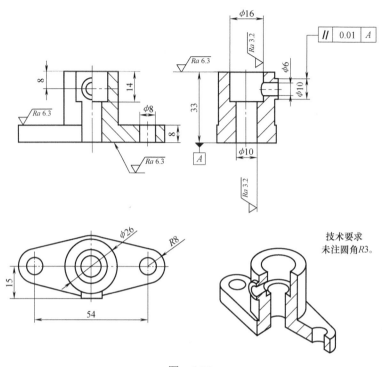

技术要求
未注圆角R3。

图　5-22

下面用另外一种方法建立工程图。

1. 建立图纸页

通过查找文件存储路径打开零件的三维模型图，在视窗上部的功能模块选项卡中单击"应用模块"→"制图"，进入二维工程图环境。

2. 添加视图

1）新建图纸页。在二维工程图环境下，单击☰ 菜单(M)·图标→"插入"→"图纸页"，或单击视窗上部工具条中的"新建图纸页"🗋，弹出"图纸页"对话框；在对话框中选择图 5-23 所示的选项，然后单击"确定"按钮，弹出"基本视图"对话框，如图 5-24 所示。

2）添加俯视图。在弹出的"基本视图"对话框中选择如图 5-24 所示选项，然后在图纸的虚线框内部的合适位置单击鼠标的左键，添加三维模型的俯视图，作为图样的俯视图，然后"关闭"对话框。

3）添加半剖视图作为主视图。单击☰ 菜单(M)·图标→"插入"→"视图"→"剖视图"，或单击视窗上部工具条中的"剖视图"🗝️，弹出"剖视图"对话框；选项如图 5-25 所示，然后依次点选俯视图中右边小圆的圆心以及中心大圆的圆心，再在图样上方某适当位置单击鼠标的左键，添加半剖视图作为主视图。

4）添加剖视图作为左视图。单击☰ 菜单(M)·图标→"插入"→"视图"→"剖视图"，或单击视窗上部工具条中的"剖视图"🗝️，弹出"剖视图"对话框；先单击对话框中"父视图"下的"选择视图"，如图 5-26 所示，然后点选主视图，再点选主视图中孔的中心，再在主视图右侧某适当位置单击鼠标的左键，添加剖视图作为左视图。

图　5-23

图　5-24

图　5-25

图　5-26

5）添加正等轴测图。使用"基本视图"命令，把对话框中的"模型视图"设置为"正等测图"，然后将三维图形放置在图纸的右下方。

此时的图形如图 5-27 所示。

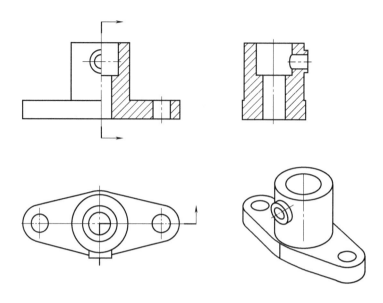

图 5-27

6）半剖切正等轴测图。使用"剖视图"命令（■■），弹出"剖视图"对话框；先在对话框中选"截面线方法"为"半剖"，再依次点选俯视图中右边小孔的中心以及中心大孔的中心，然后鼠标往上移动（注意移动路线要使得剖切截面线箭头垂直向上）到工具条区域再横向移动到对话框里，再在对话框中选择图 5-28 所示下拉选项"剖切现有的"，然后再点选正等轴测图，完成正等轴测图的半剖切，图形如图 5-29 所示。

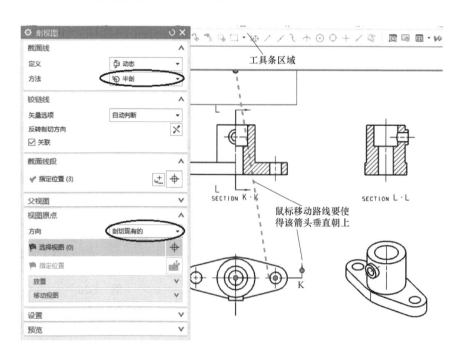

图 5-28

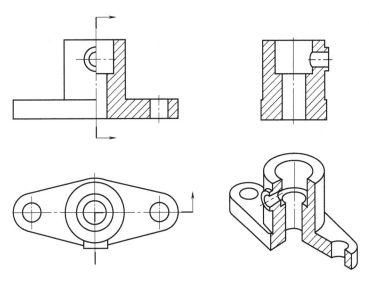

图　5-29

3. 标注尺寸

单击 ![] 菜单(M)▼图标→"插入"→"尺寸"→"快速"，或直接单击工具条上的"快速" ![]，弹出"快速尺寸"对话框；对话框中的"测量方法"有自动判断标注、直线标注、直径标注、角度标注等许多选项，可根据尺寸的类型需要从下拉列表中选定，最终标注尺寸如图 5-30 所示。

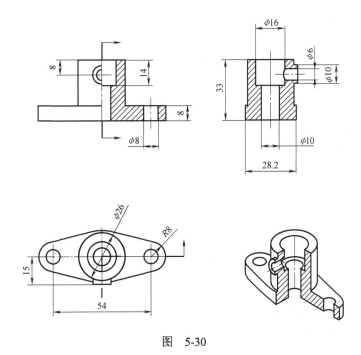

图　5-30

4. 表面粗糙度标注

使用 ![] 菜单(M)▼→"插入"→"注释"→"表面粗糙度符号"命令，弹出"表面粗糙度"对话框。在"表面粗糙度"对话框中设置图 5-31 所示的参数,对话框中"设置"选项区中的"角度"和"反转文本"选项用于在不同位置的表面上标注表面粗糙度符号。

表面粗糙度符号的标注如图 5-32 所示。

图 5-31

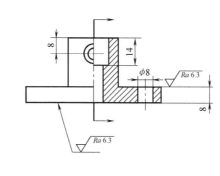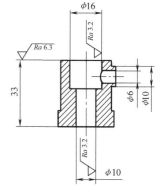

图 5-32

5. 标注形状位置公差

使用 [菜单(M)▼] →"插入"→"注释"→"基准特征符号"命令,弹出"基准特征符号"对话框。在"基准特征符号"对话框中设置图 5-33 所示参数,将标识放置在所需要标注的平面上,如图 5-34 所示。

单击 [菜单(M)▼] 图标→"插入"→"注释"→"注释",或单击工具条中的"注释"[A],弹出"注释"对话框,如图 5-35 所示。在"符号"选项区域的"类别"下拉列表中选择"形位公差";首先将文本输入栏里的各种符号删除,再依次单击"[⊞]"和"[//]",输入公差值"0.01",然后单击"[⊥]",输入字母"A"。

放置形位公差时,单击"注释"对话框中"指引线"选项区域的"[⟋]",选取 ϕ10mm 尺寸位置放置形位公差,结果如图 5-36 所示。

6. 创建注释

单击"注释"工具栏中的"注释"[A],弹出"注释"对话框。在"符号"选项区域的"类别"下拉列表中选择"制图",在"格式设置"选项区域的下拉列表中选择"chinesef_fs"。

添加技术要求时,先清空"文本"对话框中有关形位公差的内容,然后输入如图 5-37 所示的文字内容,选择合适的位置后单击鼠标左键以放置注释,然后单击鼠标中键完成操作，结果如图 5-38 所示。

最终完整的零件工程图如图 5-22 所示。

图　5-33

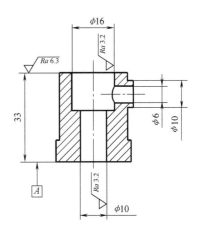

图　5-34

图　5-35

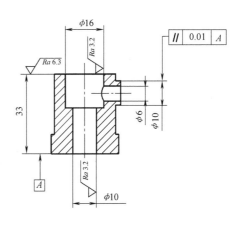

图　5-36

图 5-37

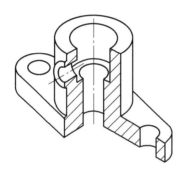

技术要求
未注圆角R3。

图 5-38

第6章
部件装配实例

本章将以 3 个部件装配实例，介绍 NX 12.0 装配模块的功能，讲解几种不同的装配方法，包括零部件的各种配对装配、引用集的建立、爆炸图的建立等。通过本章的学习，读者能熟练掌握各种组件的装配方法。

6.1 实例 1：在装配件中安装组件

1. 打开部件文件

通过查找文件存储路径打开部件文件"support_assm.prt"，如图 6-1 所示。

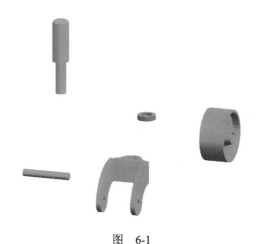

图　6-1

在视窗上部的功能模块选项卡中单击"装配"，如图 6-2 所示，进入装配模块。

图　6-2

2. 将垫片装到叉座上

在装配模块环境下单击 菜单(M)▾图标→"装配"→"组件位置"→"装配约束"，或直接单击视窗上部工具条中的"装配约束" ，出现"装配约束"对话框，对话框中的选项设置如图 6-3 所示。

　　按照图 6-4 所示顺序选择表面，然后改对话框中的"方位"下拉选项为"自动判断中心 / 轴"，如图 6-5 所示，再按照图 6-6 所示顺序选择表面，出现图 6-7 所示图形，最后单击"应用"按钮。

图　6-3

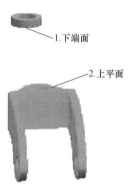

图　6-4

图　6-5

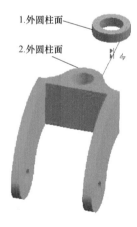

图　6-6

3. 将竖直轴安装到叉座上

　　按照图 6-8 所示顺序 1、2 选约束面，然后修改对话框选项如图 6-9 所示，再按照图 6-8 所示顺序 3、4 选约束面，出现图 6-10 所示图形，再单击"应用"按钮。

4. 将轮子安装到叉座中间

　　修改"装配约束"对话框中的"约束类型"，如图 6-11 所示，然后按照图 6-12 所示顺序 1、2、3、4 选约束面；再修改对话框选项如图 6-13 所示，然后按照图 6-12 所示顺序 5、6 选约束面，装配完成后如图 6-14 所示。

图　6-7

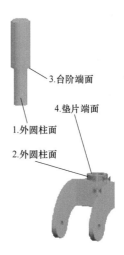

图　6-8

图　6-9

图　6-10

图　6-11

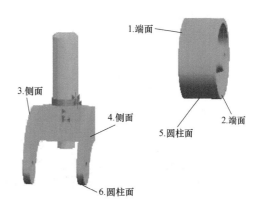

图　6-12

图 6-13

图 6-14

5. 将水平轴装入轮子中

参照上述操作步骤，按照图 6-15 所示的顺序选择约束面，最后单击对话框中的"确定"按钮，完成整个机构的装配，如图 6-16 所示。

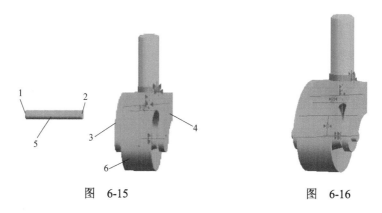

图 6-15　　　　　　　　　　　　图 6-16

打开装配导航器，右击"约束"→去掉"在图形窗口中显示约束"前的勾选，如图 6-17所示，此时视窗中图形上的约束符号被隐藏，如图 6-18 所示。

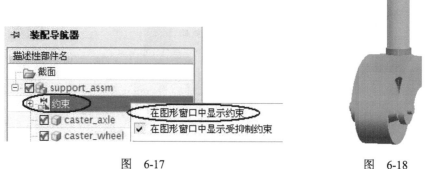

图 6-17　　　　　　　　　　　　图 6-18

6. 创建爆炸图

单击 ≣菜单(M)·图标→"装配"→"爆炸图"→"新建爆炸"，出现图 6-19 所示"创建爆炸"对话框。使用默认文件名或修改文件名称后，单击对话框中的"确定"按钮。

单击 ≣菜单(M)·图标→"装配"→"爆炸图"→"编辑爆炸"，出现图 6-20 所示"编辑爆炸"对话框。选视图中的阶梯轴，然后在对话框中点选"移动对象"，此时在图中阶梯轴中心出现带箭头的移动坐标；单击 X 坐标的箭头若不松开，则可沿 X 轴移动该轴到任意的位置，也可单击箭头后，在对话框中输入移动距离的数值，然后单击"应用"按钮，从而将轴移动输入数值的距离，如图 6-21 所示。

按照上述方法，将组件逐一拆开。移动各个零件到适当的位置后所形成的视图，即爆炸图，如图 6-22 所示。

图　6-19

图　6-20

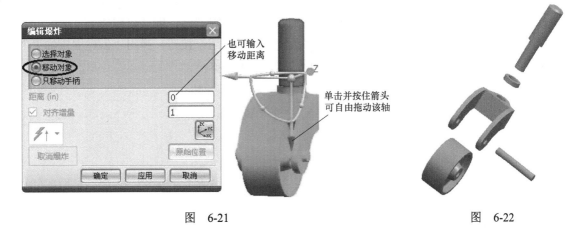

图　6-21

图　6-22

另外，在移动下一个零件时，只需要选所需要移动的零件，但系统默认前一个移动的零件也被选上，为此，同时按 Shift 键及点选上一个移动的零件，就可放弃上一个零件的选择。

若要关闭爆炸图，单击 ≣菜单(M)·图标→"装配"→"爆炸图"→"隐藏爆炸"。

若要显示爆炸图，则单击 ≣菜单(M)·图标→"装配"→"爆炸图"→"显示爆炸"。

6.2 实例 2：建装配文件后调入零件进行装配

将原有的手柄（文件名为 handle.prt）、手柄挡球（文件名为 handle_stop.prt）、螺杆（文件名为 screw_shaft.prt）三个零件装配成一个组件（文件名为 fix_asm1.prt）。

1. 建立新装配文件

单击工具条中的"新建"图标📄，弹出图 6-23 所示对话框；选项及文件名输入如图 6-23 所示，然后单击"确定"按钮，弹出"添加组件"对话框，如图 6-24 所示。

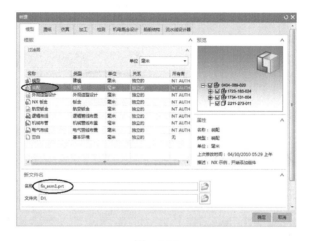

图　6-23

2. 调入零件文件并装配成组件

1）单击"添加组件"对话框中的"打开"图标📂，找到所需要加载的螺杆文件（screw_shaft.prt）并打开；再单击对话框中的图标✛，弹出"点"对话框，默认坐标值为（0，0，0），单击"确定"按钮；然后单击图 6-24 所示对话框中的"应用"按钮，弹出"创建固定约束"提示框，单击"是"按钮，此时视窗中的图形如图 6-25 所示。

图　6-24

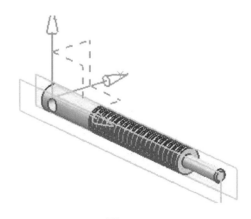

图　6-25

2）继续单击"添加组件"对话框中的"打开"图标 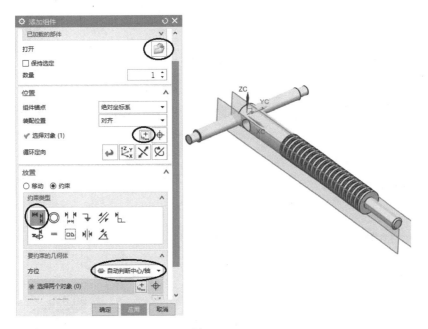，打开手柄文件（handle.prt）；再单击对话框中的图标 ，弹出"点"对话框，默认坐标值为（0，0，0），单击"确定"按钮，此时图形如图 6-26 所示。

在"添加组件"对话框中选择"约束类型"如图 6-26 所示，再按照图 6-27 所示顺序选择约束面，然后单击对话框中的"应用"按钮，出现图 6-28 所示图形。

图　6-26

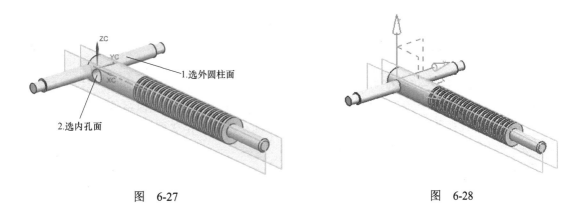

图　6-27　　　　　　　　　　　　　　　　　图　6-28

3）继续单击"添加组件"对话框中的"打开"图标 ，找到手柄挡球文件（handle_stop.prt）并打开；再单击"选择对象"，如图 6-29 所示，然后在手柄端部附近区域单击，此时将手柄挡球加入，如图 6-30 所示。然后选如图 6-30 所示的"约束类型"，并按照图 6-31 所示顺序 1、2 选约束面，再改"方位"的下拉选项为"自动判断中心 / 轴"，并按照图 6-31 所示顺序 3、4 选约束面，最后单击"确定"按钮，完成的图形如图 6-32 所示。

图 6-29

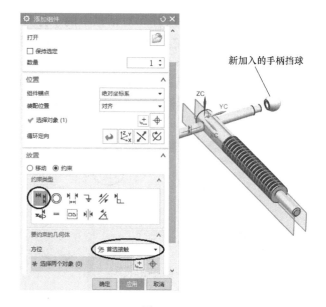

图 6-30

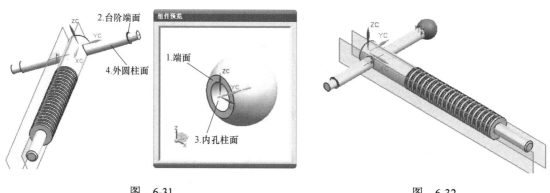

图 6-31

图 6-32

单击 ☰ 菜单(M) ·图标→"装配"→"组件"→"镜像装配"，出现图 6-33 所示"镜像装配向导"对话框；单击"下一步"按钮，然后选刚装配的手柄挡球作为镜像组件；再单击"下一步"按钮，再选视图中的 X-Z 基准面作为镜像平面；然后单击"下一步"→"下一步"→"下一步"→"完成"，此时的图形如图 6-34 所示。

3. 建立引用集

单击视窗左侧竖直工具条中的"装配导航器"图标 🗗，可看到装配的各个节点，如图 6-35 所示。

右击节点"screw_shaft"→"在窗口中打开"，此时图形如图 6-36 所示。

单击 ☰ 菜单(M) ·图标→"格式"→"引用集"，出现图 6-37 所示对话框；单击图 6-37 所示选项，出现图 6-38 所示对话框，输入命名的引用集名称（如实体）并回车，然后点选视图中的螺杆实体，再单击对话框中的"关闭"按钮，完成螺杆实体引用集的建立。

图　6-33

4. 调用引用集

在装配导航器里右击"screw_shaft",然后单击"在窗口中打开父项"→"fix_asm1",此时视图如图 6-34 所示。

在装配导航器里右击"screw_shaft"→"替换引用集"→"实体",此时图形如图 6-39 所示。

鼠标右击中间基准面→"隐藏",隐藏基准面。

在装配导航器里右击"约束"→去掉"在图形窗口中显示约束"前的勾选,最后的图形如图 6-40 所示。

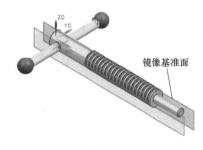

图　6-34

图　6-35

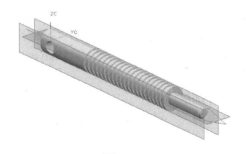

图　6-36

图 6-37　　　　　　　　　　　　　　　　图 6-38

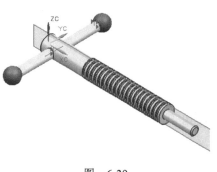

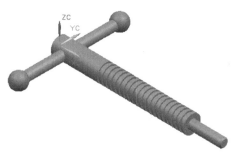

图 6-39　　　　　　　　　　　　　　　　图 6-40

6.3　实例3：回油阀装配

　　进入 NX 12.0，单击工具条中的"新建"图标 🗋，在弹出的对话框中选择"模型"选项卡中的"装配"选项，设置"单位"为"毫米"，并在"名称"文本框中输入文件名"valve_asm1"，然后单击"确定"按钮，弹出"添加组件"对话框。

1. 添加阀体组件

　　在弹出的"添加组件"对话框中，单击"打开"图标 🗁 （图 6-41），找到所需要加载的阀体文件（Valve_Body）并打开；再单击对话框中的小图标 ⁺_{...} （图 6-41），弹出"点"对话框，默认坐标值为（0，0，0），然后单击"应用"按钮，此时视窗中的图形如图 6-41 所示。

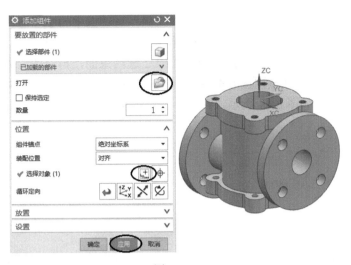

图 6-41

2. 添加阀塞组件

单击"添加组件"对话框中的"打开"图标，在弹出的"部件名"对话框中选择阀塞文件（Valve_Plug）并打开；再单击"添加组件"对话框中的小图标，弹出"点"对话框，默认坐标值为（0，0，0），单击"确定"按钮后出现图 6-42 所示图形。然后选如图 6-42 所示的"约束类型"，并按照图 6-42 所示顺序选约束面，再修改"方位"的下拉选项为"接触"，并按照图 6-43 所示顺序选约束面，最后单击"应用"按钮，完成阀塞的装配，结果如图 6-44 所示。

图 6-42

3. 添加弹簧组件

单击"添加组件"对话框中的"打开"图标，在弹出的"部件名"对话框中选择弹簧文件（Valve_Spring）并打开；再单击"添加组件"对话框中的小图标 ，弹出"点"对话框，默认坐标值为（0,0,0），单击"确定"按钮后出现图 6-45 所示图形。然后选如图 6-45 所示的"约束类型"，并按照图 6-46 所示顺序 1、2 选约束面，再修改"方位"的下拉选项为"自动判断中心 / 轴"，并按照图 6-46 所示顺序 3、4 选约束面，最后单击"应用"按钮，完成弹簧的装配，结果如图 6-47 所示。

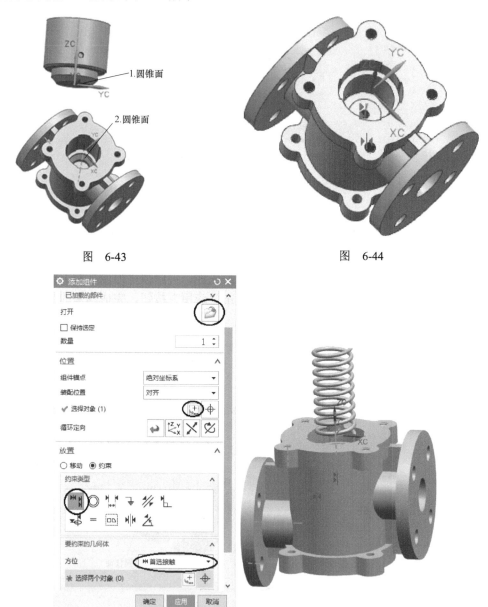

图　6-43

图　6-44

图　6-45

4. 添加压盘组件

继续单击"添加组件"对话框中的"打开"图标 ，在弹出的"部件名"对话框中选择压盘文件（Valve_Platen）并打开；再单击"添加组件"对话框中的小图标 ，弹出"点"

对话框，默认坐标值为（0，0，0），单击"确定"按钮。然后修改"方位"的下拉选项为"首选接触"，并按照图 6-48 所示顺序选约束面，再修改"方位"的下拉选项为"自动判断中心 / 轴"，并按照图 6-49 所示顺序选约束面，最后单击"应用"按钮，完成压盘的装配，结果如图 6-50 所示。

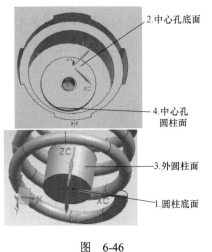

图 6-46

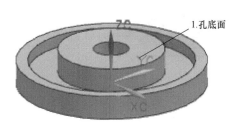

图 6-47

图 6-48

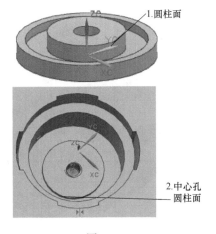

图 6-49

图 6-50

5. 添加石棉垫片组件

继续单击"添加组件"对话框中的"打开"图标 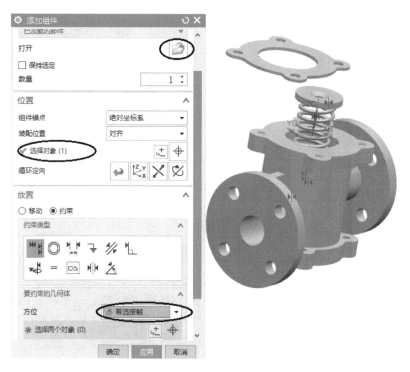，在弹出的"部件名"对话框中选择石棉垫片文件（Valve_Spacer）并打开；再单击"添加组件"对话框中的"选择对象"，然后在已装配好的组件旁边位置单击鼠标左键，此时的图形如图 6-51 所示。修改"方位"的下拉选项为"首选接触"，并按照图 6-52 所示顺序 1、2 选约束面，然后修改"方位"的下拉选项为"自动判断中心/轴"，并按照图 6-52 所示顺序 3~6 选约束面，最后单击"应用"按钮，完成石棉垫片的装配，结果如图 6-53 所示。

图　6-51

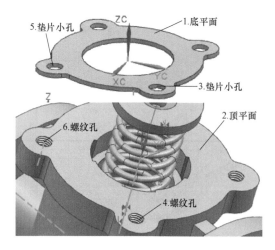

图　6-52

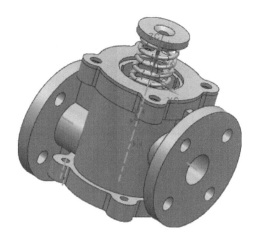

图　6-53

6. 添加阀盖组件

同步骤 5，阀盖文件为"Valve_Cover"，结果如图 6-54 所示。

7. 添加调节螺杆组件

继续单击"添加组件"对话框中的"打开"图标，在弹出的"部件名"对话框中选择调节螺杆文件（Valve_AdjustScrew）并打开；再单击"添加组件"对话框中的"选择对象"，然后在已装配好的组件旁边的位置单击鼠标左键，此时螺杆出现在已装配好的组件旁边。

在装配导航器中，右击"Valve_Cover"，在弹出的快捷菜单中选择"隐藏"，以便装配螺杆时选择配合面。

图　6-54

在"添加组件"对话框中修改"方位"的下拉选项为"首选接触"，并按照图 6-55 所示顺序 1、2 选约束面，然后修改"方位"的下拉选项为"自动判断中心 / 轴"，并按照图 6-55 所示顺序 3、4 选约束面，最后单击"应用"按钮，完成螺杆的装配，结果如图 6-56 所示。

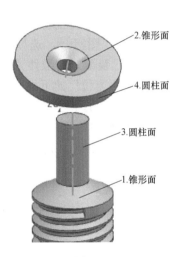

图　6-55

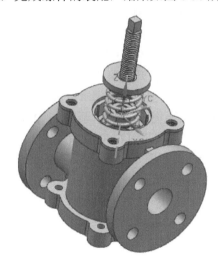

图　6-56

在装配导航器中，右击"Valve_Cover"，在弹出的快捷菜单中选择"显示"。

8. 添加螺母 M10 组件

以同样的方法装配 M10 螺母（文件名为 Valve ScrewNut10），装配约束顺序选择如图 6-57 所示。

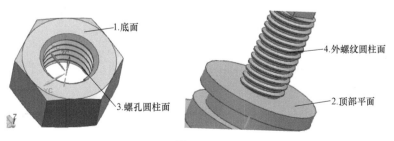

图　6-57

装配螺母后，发现螺母上还带有其他片体，如图 6-58 所示。

关闭"添加组件"对话框，在装配导航器里右击"Valve ScrewNut10"→"替换引用集"→"SOLID"，此时视窗中的图形如图 6-59 所示。

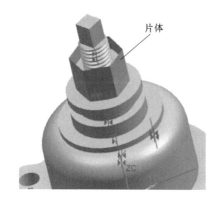

片体

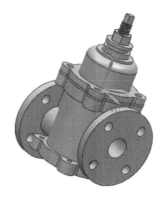

图　6-58

图　6-59

9. 添加阀罩组件

单击 菜单(M) ·图标→"装配"→"组件"→"添加组件"，或直接单击视窗上部工具条中的图标，弹出"添加组件"对话框。单击对话框中的"打开"图标，选择阀罩文件（Valve_Top）并打开；再单击对话框中的"选择对象"，然后在已装配好的组件旁边位置单击鼠标左键，将要装配的阀罩放置在已装配好的组件旁边。修改"方位"的下拉选项为"首选接触"，按照图 6-60 所示顺序 1、2 选约束面；然后修改"方位"的下拉选项为"自动判断中心 / 轴"，按照图 6-60 所示顺序 3、4 选约束面；再修改对话框中的"约束类型"，如图 6-61 所示，按照图 6-62 所示顺序 5、6 选约束面，最后单击"应用"按钮，完成阀罩的装配，结果如图 6-63 所示。

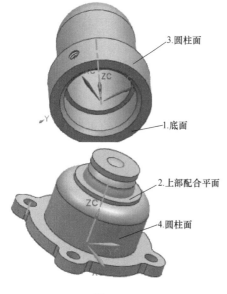

3.圆柱面

1.底面

2.上部配合平面

4.圆柱面

图　6-60

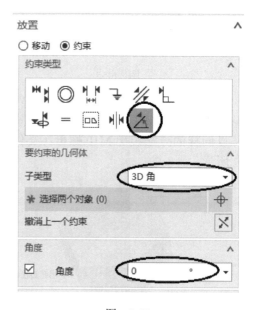

图　6-61

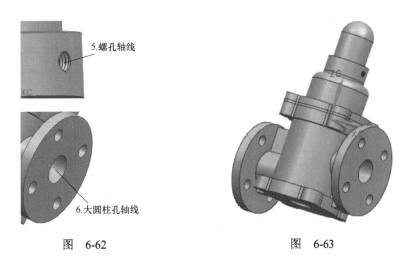

5.螺孔轴线

6.大圆柱孔轴线

图　6-62　　　　　　　　　　　　　图　6-63

10. 添加紧定螺钉 M5 组件

继续单击"添加组件"对话框中的"打开"图标，在弹出的"部件名"对话框中选择紧定螺钉 M5 文件（Valve_Screw5）并打开；再单击"添加组件"对话框中的"选择对象"，然后在已装配好的组件旁边的位置单击鼠标左键，此时 M5 螺钉出现在已装配好的组件旁边。

修改"约束类型"如图 6-64 所示，先点选小螺钉轴线和法兰盘大圆轴线，接着对话框出现角度输入框，输入角度"180°"，如图 6-64 所示；然后再修改"约束类型"如图 6-65 所示，首先按照图 6-66 所示顺序 1、2 选约束面，接着对话框出现距离输入框，输入距离"33"；再修改"约束类型"如图 6-67 所示，按照图 6-66 所示顺序 3、4 选择约束面，最后单击"应用"按钮，装配后的图形如图 6-68 所示。

图　6-64　　　　　　　　　　　　　图　6-65

11. 添加螺纹连接件组件

1）添加螺柱 M6 组件。继续单击"添加组件"对话框中的"打开"图标，在弹出的

"部件名"对话框中选择螺柱 M6 文件（Valve_ScrewPole6）并打开；再单击"添加组件"对话框中的"选择对象"，然后在已装配好的组件旁边的位置单击鼠标左键，此时螺柱出现在已装配好的组件旁边。

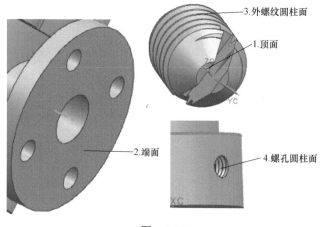

图　6-66

图　6-67

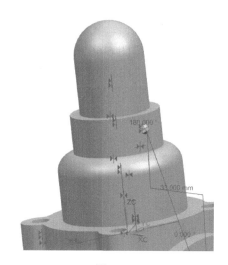

图　6-68

在"添加组件"对话框中修改"方位"的下拉选项为"对齐"，按照图 6-69 所示顺序 1、2 选约束面；然后修改"方位"的下拉选项为"自动判断中心 / 轴"，按照图 6-69 所示顺序 3、4 选约束面，最后单击"应用"按钮，完成螺柱的装配，结果如图 6-70 所示。

2）添加垫圈 6 组件。继续单击"添加组件"对话框的"打开"图标 🗁 ，选择垫圈 6 文件（Valve_Washer）并打开；再单击"添加组件"对话框中的"选择对象"，然后在已装配好的组件旁边的位置单击鼠标左键，此时垫片出现在已装配好的组件旁边。

修改"方位"的下拉选项为"首选接触"，按照图 6-71 所示顺序 1、2 选约束面；然后修改"方位"的下拉选项为"自动判断中心 / 轴"，按照图 6-71 所示顺序 3、4 选约束面，最后单击"应用"按钮，完成垫片的装配，结果如图 6-72 所示。

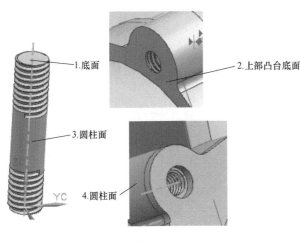

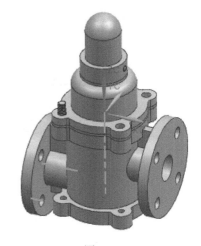

图　6-69

图　6-70

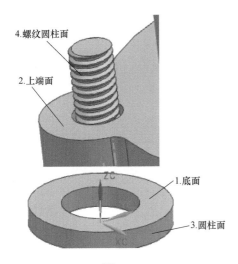

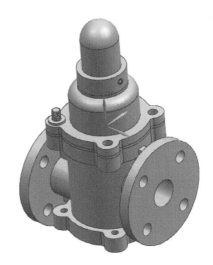

图　6-71

图　6-72

3）添加螺母 M6 组件。类似步骤 8，组件文件为"Valve_ScrewNut6"。结果如图 6-73 所示。

4）对螺柱 M6、垫圈 6 和螺母 M6 进行组件阵列。使用 菜单(M) ▾ →"装配"→"组件"→"阵列组件"命令，弹出"阵列组件"对话框；选择螺柱 M6、垫圈 6 和螺母 M6，"布局"选择"圆形"，指定矢量为"ZC"，指定点为点（0,0,0）数量为"4"，节距角为"90°"，如图 6-74 所示，单击"确定"按钮，结果如图 6-75 所示。

在装配导航器里右击"约束"→去掉"在图形窗口中显示约束"前的勾选，可隐藏图形上的约束符号。

图　6-73

图 6-74

图 6-75

附 录

SIEMENS NX 考证试题

附录 A 试 题 一

第 1 部分 理论

时间：120 分钟　　　　　　　　总分：100 分

一、单选题：（共 10 题，每题 2 分，共 20 分）

1. 在一个平面上完成了一个二维图形的设计，比如一朵花。这个设计将被转化到一个圆锥面上作为贴花。下面哪一种曲线操作可以把这个 2D 的设计转化到圆锥面上？（　　　）

    A. 图形转化（Graphic Translater）　　　　B. 2D 投影（2D Projection）

    C. 曲线投影（Curve Projection）　　　　　D. 缠绕 / 展开（Wrap/Unwrap）

2. 连续性共有四种类型，可以使对象连续但不相切的是（　　　）。

    A. 对称的　　　　　　B. G0　　　　　　C. G1　　　　　　D. G2

3. 在 NX 中的抑制特征（Suppress Feature）的功能是（　　　）。

    A. 从目标体上临时移去该特征和显示

    B. 从目标体上临时隐藏该特征

    C. 从目标体上永久删除该特征

    D. 在计算目标体重量时，忽略信息，但仍然显示

4. 如果一个部件分布在同一个装配中的不同位置，可以重新设置（　　　）来区别不同的同一部件。

    A. 组件名　　　　　B. 引用集名　　　　C. 装配名　　　　D. 以上都可以

5. 条件表达式创建用的语言是（　　　）。

    A. Do While　　　　　B. If Else　　　　C. Do Until　　　　D. Else If

6. 常用的装配方法有自底向上装配、自顶向下装配和（　　　）等。

    A. 立式装配　　　　　B. 分布式装配　　　C. 混合装配　　　D. 以上都不对

7. 下面（　　　）是表达式的要素。

    A. 公式，数值，单位，名称　　　　　　　B. 名称，等号，公式

    C. 名称，公式，量纲，单位　　　　　　　D. 变量，公式，量纲，数值

8. 图 A-1 所示为阶梯剖视图的示意图，其中③表示（　　　）。

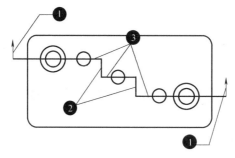

图 A-1

A. 展开段   B. 剖切段   C. 折弯段   D. 箭头段

9. 如果要把图 A-2 所示坐标系通过旋转变为图 A-3 所示坐标系，应采取的操作是（　　）。

    A. +ZC 轴：XC → YC 角度 90°

    B. −ZC 轴：XC → YC 角度 90°

    C. +YC 轴：XC → ZC 角度 90°

    D. −YC 轴：XC → ZC 角度 90°

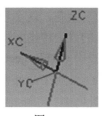   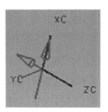

图 A-2   图 A-3

10. 在使用"曲线网格"命令时，已经选择了所有的封闭主线串，如何选择交叉线串以生成封闭实体？（　　）

    A. 选择"Closed in V"

    B. 选择"Closed in U"

    C. 利用补片体和缝合来生成实体

    D. 再次选择第一个交叉线串作为最后的交叉线串

二、多选题：（共 10 题，每题 2 分，共 20 分，多选与错选均不得分，少选给一半分）

1. 下列哪些符号不能用于表达式的名称？（　　）

    A. 惊叹号   B. 下划线   C. 双问号   D. 星号

    E. 字母   F. 短划线   G. 数字

2. 欲在一个尺寸标注附加文本"2 PLS"，则文本添加位置可以有哪些？（　　）

    A. 尺寸数字之前   B. 尺寸数字之后

    C. 尺寸数字之上   D. 尺寸数字之下

3. 系统定义的引用集有哪些？（　　）

    A. 整个部件（Entire part）   B. 空（Empty）

    C. 模型（Model）   D. 实体（Solid）

E. 轻量化（Lightweight）   F. 简化的（Simplified）

G. 全部（All）

4. 在装配导航器中，如何隐藏一个部件？（　　）

A. 取消部件名称前的勾选

B. 在黄色小框上中键双击

C. 在部件名称上右键单击后选择 Blank

D. 在部件名称上双击

5. 使用修剪（Trimmed）的方法创建 N 边曲面时，以下哪些是 UV 方位选项的内容？
（　　）

A. 脊线   B. 距离   C. 矢量   D. 面积

6. 下列选项中，哪些属性是可以从被导入到当前零件的图形模板中直接继承的？
（　　）

A. 视图成员   B. 视图比例   C. 投影角度   D. 图纸名称

7. 编辑剖切视图时，可以（　　）。

A. 移动切割段   B. 移动弯曲段   C. 移去切割段

D. 添加切割段   E. 添加箭头段

8. 角色可以管理用户界面的外观，下面的哪些选项可以通过角色设置？（　　）

A. 菜单栏中的选项

B. 工具条中的按钮

C. 按钮名称是否在按钮下显示

D. 创建一个新部件时，默认进入哪个应用

E. 哪些条目在资源条中显示

9. 延伸片体（Extension）主要包括以下哪几种类型？（　　）

A. 相切延伸   B. 法向延伸   C. 角度延伸

D. 圆弧延伸   E. 规律控制延伸

10. 可以通过哪些方法删除图纸？（　　）

A. 选择编辑→删除图纸

B. 在图纸边框上右键单击选择删除

C. 在部件导航器中右键单击图纸节点，选择删除

D. 在图纸空白处右键单击，选择删除

三、填空题：（共 10 题，每题 2 分，共 20 分，中英文均可）

1. 为了知道某一个层中对象的数目，可以在层设置对话框中打开_____选项。

2. 工作在装配环境下意味着_____是显示部件，_____是工作部件。

3. 投影曲线（Project Curve）有 5 种投影方向方法，其中仅_____和_____是
精确的，其他方法是使用建模公差近似的。

4. 部件间表达式和 WAVE 几何链接器可以通过客户默认设置对话框中的
Assemblies → General → Interpart Modeling 选项卡中取消选中_____复选
框而不激活。

5. 在制图模块中，输入基本视图和_____就可以完成三视图的添加。

6. 为了外化一个内部草图，在部件导航器中右键单击拥有它的特征，选择_____命令。

7. 偏置曲线（Offset Curve）时，当要取消在曲线偏置线串中的自交区时，利用_____选项。

8. 扫掠特征（Swept）的引导线串最多可以有____条，且必须相切连续；截面线串最多可有____条。

9. 通过____命令，可以替换体和基准，还可以把独立的特征从一个体上重新依附到另一个体上。

10. 在引用几何体（Instance Geometry）中，如果输入副本数为 10，那么完成后的总数应该为_____。

四、判断题：正确的打"√"，错误的打"×"。（共 10 题，每题 2 分，共 20 分）

1. 修改客户默认设置（Customer Defaults）对话框的设置后，设置将立即生效。（   ）

2. 定义图案表面（Pattern Face）中的矩形阵列图案时，其 X 轴和 Y 轴可以不正交。（   ）

3. 启动 NX 后，只有与基本环境（Gateway）模块相关的工具条会自动出现，其他模块的工具条需要手动显示。（   ）

4. 扫掠特征的引导线串如果形成封闭环，第一截面线串可被选为最后截面线串。（   ）

5. 如果想创建一个和某个面呈一定角度的基准平面，必须选择一个面和一条基准轴或者一条直的边界。（   ）

6. 在草图环境中，按下延迟更新按钮后，提示栏将不再提示过约束、完全约束或欠约束。（   ）

7. 使用装配切割（Assembly Cut）命令时，建模模块和装配模块必须同时启动，且工具体必须是实体。（   ）

8. 在 Excel 中定义了家族电子表格并保存，则会自动在家族成员的存储目录中创建实际的家族成员部件文件。（   ）

9. 默认情况下，厚度为正值时，抽壳（Shell）操作是从实体的外表面向实体内部按照指定的厚度抽空实体。（   ）

10. 使用引用几何体（Instance Geometry）命令复制的几何体总是与原始几何体保持关联。（   ）

五、问答题：（共 5 题，每题 4 分，共 20 分，中英文均可）

1. 同步建模通常用于什么场合？

2. 通常在建立模型时，选择工具条包括哪几个部分？

3. 如果建模模块已经激活，在部件导航器中右键单击任一特征节点，试述在弹出的快捷菜单中编辑参数（Edit Parameters）和带回退的编辑（Edit with Rollback）二者的区别。

4. 可以通过哪几种方法重新排列特征时序？

5. 请说出自顶向下和自下而上设计的不同点。

试题一 理论参考答案

一、单选题：（共 10 题，每题 2 分，共 20 分）

1. D　　2. A　　3. D　　4. C　　5. A　　6. C　　7. A　　8. C　　9. D　　10. D

二、多选题：（共 10 题，每题 2 分，共 20 分，多选与错选均不得分，少选给一半分）

1. ACDF　　2. ABCD　　3. ABCE　　4. AC　　5. ACD

6. ABCD　　7. ABCD　　8. ABD　　9. ABCD　　10. ABC

三、填空题：（共 10 题，每题 2 分，共 20 分，中英文均可）

1. 显示对象数目

2. 装配，组件部件

3. 沿面的法向，沿矢量投影到平面

4. Allow Interpart Modeling

5. 投影视图

6. Make Sketch External（将草绘设为外部）

7. 大致偏置

8. 3，150

9. 替换特征

10. 11

四、判断题：正确的打"√"，错误的打"×"。（共 10 题，每题 2 分，共 20 分）

1. ×　　2. √　　3. ×　　4. √　　5. √

6. ×　　7. √　　8. ×　　9. √　　10. ×

五、问答题：（共 5 题，每题 4 分，共 20 分，中英文均可）

1. 同步建模通常用于什么场合？

1）编辑从其他 CAD 系统读入的、没有特征历史或参数的模型。

2）模型在创建时没有考虑设计意图的改变，按照传统方法编辑将做大量返工并会丢失相关性。

2. 通常在建立模型时，选择工具条包括哪几个部分？

选择对象的类型下拉列表，选择范围下拉列表，选择意图选项，捕捉点选项。

3. 如果建模模块已经激活，在部件导航器中右键单击任一特征节点，试述在弹出的快捷菜单中编辑参数（Edit Parameters）和带回退的编辑（Edit with Rollback）二者的区别。

编辑参数：编辑特征的参数；带回退的编辑：将模型回退到该特征建立之前的状态，然后打开特征建立对话框。

4. 可以通过哪几种方法重新排列特征时序？

1）选择编辑→特征→重排序（Edit → Feature → Reorder）命令。

2）在部件导航器中的特征节点上右键单击，选择重排序命令。

3）在部件导航器中拖拽特征节点。

5. 请说出自顶向下和自下而上设计的不同点。

自顶向下的装配模型设计是在装配工作环境中创建并设计一个新部件。

自下而上的装配是把已存在对象作为组件加到装配中，并建立指向对象的指针。

第 2 部分　上 机 操 作

时间：120 分钟　　总分：100 分

1. 创建一个公制 part 文件，应用 Sketch 模块绘出图 A-4 所示草图。（30 分）
要求：
1）用直线和圆弧建立图形；
2）草图全约束，并且几何约束和尺寸约束正确；
3）公制文件名自定。

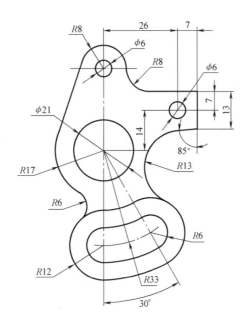

图　A-4

解答：扫二维码，观看视频演示。

2. 完成图 A-5 所示的零件建模。（30 分）
要求：
1）单位为公制；
2）保留全部建模特征参数化相关；
3）所有尺寸准确；
4）文件名自定。

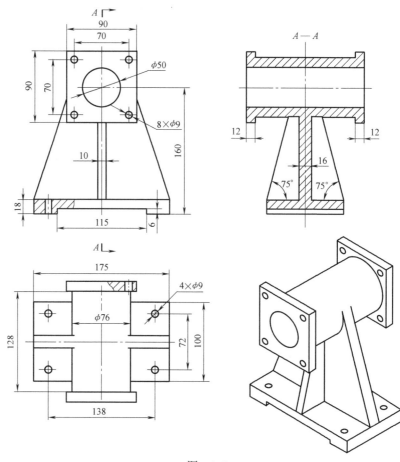

图　A-5

解答：扫二维码，观看视频演示。

3. 创建图 A-6 所示装配（公制）。（20 分）

要求：

1）文件名：XXX_T3_assm.prt（注意：XXX 为学号后三位）；

2）添加组件（组件部件文件在 T3 文件夹下），创建如图 A-6 所示装配；装配约束完整准确；

3）引用集设置为 Model，该引用集只包含实体。

图　A-6

解答：扫二维码，观看视频演示。

4. 用公制零件 project.prt，按照主模型出图规范，创建图 A-7 所示图样。（20 分）

要求：

1）图纸为 A4 幅面，视图比例为 1∶1，局部放大图比例为 2∶1，字体大小、颜色不作要求；

2）去除网格、视图边框，图样为黑白显示模式，视图布局、尺寸标注、注释格式、视图标签等必须与图示完全一致；

3）必须使用主模型出图规范。

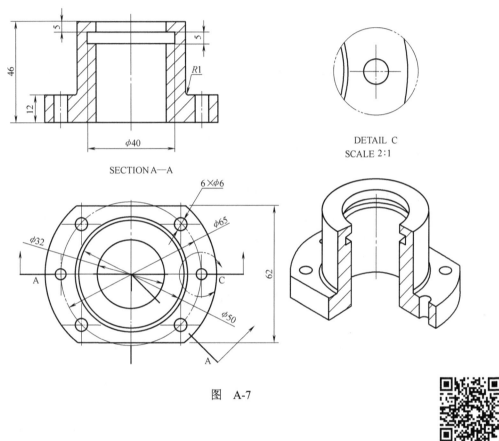

图 A-7

解答：扫二维码，观看视频演示。

附录 B 试 题 二

第 1 部分 理论

时间：120 分钟　　　　　　　总分：100 分

一、单选题：（共 10 题，每题 2 分，共 20 分）

1. 以下说法正确的是（　　）。
　　A. 一个拉伸特征可以包含多个体　　　　B. 拉伸特征只能包含实体或只能包含片体
　　C. 一个拉伸特征只能包含一个体　　　　D. 以上说法都不对

2. 在装配中，当定义两个组件之间的匹配关系时，将会从当前的位置移动到匹配位置的组件是（　　）。
　　A. 第一个被选择的组件　　　　　　　　B. 第二个被选择的组件
　　C. 两个同时　　　　　　　　　　　　　D. 没有一个

3. 下列哪种类型不是创建基准轴的类型？（　　）
　　A. 两点　　　　　　B. 曲线上矢量　　　　C. 交点　　　　　　D. 边界

4. 当使用镜像体命令时，镜像平面可以是（　　）。
　　A. 基准面　　　　　B. 平面　　　　　　　C. 圆柱面　　　　　D. 圆锥面

5. 在图层的设置中默认的图层类别（Layer categories）不包括（　　）。
　　A. 曲线（curves）　　　　　　　　　　B. 点（points）
　　C. 草图（sketches）　　　　　　　　　D. 片体（sheets）

6. 用一个或两个通过中心轴的面进行剖切得到的视图称为（　　）视图。
　　A. 旋转剖视图　　　B. 展开剖视图　　　　C. 阶梯剖视图　　　D. 半剖视图

7. 若需要桥接两条曲线间的一段空隙，结果既要保证相切也要跟随先前两条曲线的总体形状，应该选择下面哪种连续方法？（　　）
　　A. 连续 Continuous　　　　　　　　　　B 相切连续 Tangent
　　C. 曲率连续 Curvature　　　　　　　　D. 相切拟和 Tangent Fit

8. 在两个部件之间添加配合约束时，哪个部件会从先前的位置移动到满足装配关系的位置？（　　）
　　A. 都不移动
　　B. 都移动
　　C. 第一个被选择的部件
　　D. 第二个被选择的部件

9. 图 B-1 所示为某一视图，其中"TOP@12"称为（　　）。
　　A. 比例标签　　　　B. 视图标签
　　C. 预览样式　　　　D. 选择排列

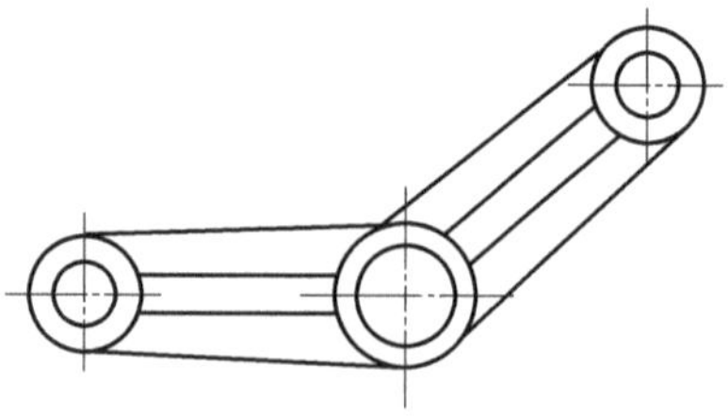

10. 固定基准面是相对于（　　）建立的。

TOP@12
SCALE 1：5

图　B-1

A. 其父特征　　　　　　B. 模型空间　　　　　　C. 草图　　　　　　D. 基准

二、多选题：（共 10 题，每题 2 分，共 20 分，多选与错选均不得分，少选给一半分）

1. 草图约束有哪几种类型？（　　　　）

A. 几何约束　　　　　B. 相关约束　　　　　C. 尺寸约束　　　　　D. 参数约束

2. 下列哪些方法可以用于创建圆柱？（　　　　）

A. 直径　高度　　　　B. 半径　高度　　　　C. 高度　圆弧　　　　D. 圆弧　拉伸

3. 当使用边倒角时，在偏置组中，截面线组中可定义的选项有（　　　　）。

A. 单边　　　　　　　B. 两边　　　　　　　C. 偏置和角度

D. 对称　　　　　　　E. 非对称

4. 在使用螺旋线（Helix）命令创建螺旋线时，需要指定哪些选项？（　　　　）

A. 圈数　　　　　　　B. 螺距　　　　　　　C. 是否相关　　　　　D. 半径方式

E. 半径数值　　　　　F. 旋向

5. 创建键槽（Slot）时，有哪些种类？（　　　　）

A. 矩形槽（Rectangular）　　　　　　　B. 球端槽（Ball-End）

C. T 形槽（T-Slot）　　　　　　　　　　D. U 形槽（U-Slot）

E. 燕尾槽（Dove-Tail）　　　　　　　　F. 圆柱形槽（Cylindrical）

6. 层的状态有哪些？（　　　　）

A. 工作　　　　　　　B. 可选　　　　　　　C. 仅可见　　　　　D. 不可见

E. 编辑　　　　　　　F. 非活动

7. 创建沿引导线扫掠特征时，下列哪两种线串必须定义？（　　　　）

A. 截面线串　　　　　B. 引导线串　　　　　C. 曲线线串

D. 跟踪线串　　　　　E. 肩线串

8. 缩放体（Scale Body）操作有哪几种类型？（　　　　）

A. 均匀缩放（Uniform）　　　　　　　　B. 轴对称缩放（Axisymmetric）

C. 常规缩放（General）　　　　　　　　D. 本地缩放（Local）

E. 双边缩放（Bilateral）

9. 怎样打开一个已存在的部件文件？（　　　　）

A. 选择文件→打开

B. 选择格式→打开部件

C. 在标准工具条上单击打开图标

D. 在标准工具条上单击访问部件图标

E. 从资源条拖拽一个部件文件到图形区域

10. 下面哪些是创建线性组件阵列时方向定义中的选项？（　　　　）

A. 基准平面法向　　　B. 边缘　　　　　　　C. 中心

D. 基准轴　　　　　　E. 面法向

三、填空题：（共 10 题，每题 2 分，共 20 分，中英文均可）

1. _____特征可以利用几个简单的参数方便地描述长方体、圆柱、圆锥、球体。

2. _____是指利用给定的若干点拟合出的多项式曲线。

3. NX 装配是指通过关联条件在部件间建立_____以确定部件在产品中的位置。

4. 用_____功能，便可最大程度地简化 NX 的用户界面，此时，菜单栏及工具栏中将仅列出对用户必要的一些操作功能。

5. NX 中默认有_____种部件显示渲染样式。

6. NX 默认提供了_____种标准视图以及一个_____和一个_____。

7. 抽壳（Shell）有_____和_____两种方式。

8. 当工作在装配环境下时，_____和_____的单位必须一致。

9. _____是建模过程中经常使用的工具，通过这一工具，NX 提供多种方法来捕捉点。

10. 在制图模块中，输入基本视图和_____就可以完成三视图的添加。

四、判断题：正确的打"√"，错误的打"×"。（共 10 题，每题 2 分，共 20 分）

1. 在装配中，组件对象名称默认就是组件部件名称，不可以更改。（　　）

2. 利用 WAVE 几何链接器复制到工作部件中的几何体总是与原始几何体保持关联。（　　）

3. 当使用拉伸（Extrude）命令建立一个实体时，截面几何体必须形成一闭环。（　　）

4. 所有成型特征（凸台 Boss，孔 Hole，槽 Pocket，凸垫 Pad，键槽 Slot，沟槽 Groove）都必须建立在平面上。（　　）

5. 图样比例改变后，各个视图会自动改变位置，不至于超出图纸边界。（　　）

6. 草图绘制必须在基准平面上建立，因此在建立草图之前必须先建立好基准平面。（　　）

7. 当创建可变半径倒圆时，每一个选中的边缘只能赋予一个半径值。（　　）

8. 镜像装配（Mirror Assembly）既可以创建组件的对称版本，也可以创建组件的引用实例。（　　）

9. 在任何时候，工作层只能有一个。（　　）

10. 在编辑工程图时，投影角（Projection）参数只能在没有产生投影视图的情况下被修改，如果已经生成了投影视图，只有将所有的投影视图删除后，才可以进行投影角参数的修改。（　　）

五、问答题：（共 5 题，每题 4 分，共 20 分，中英文均可）

1. 基准面的用途有哪些？

2. 在装配环境中选择 Save、Save All 和 Save Work Part Only 命令有什么区别？

3. 抑制特征（Suppress Feature）有哪些用途？

4. 草图中自动约束的类型有哪些？

5. 部件导航器有哪些功能？

试题二　理论参考答案

一、单选题：（共 10 题，每题 2 分，共 20 分）

1. A　　2. A　　3. D　　4. A　　5. B

6. A　　7. C　　8. C　　9. B　　10. B

二、多选题：（共 10 题，每题 2 分，共 20 分，多选与错选均不得分，少选给一半分）

1. AD　　　2. ABCD　　　3. CDE　　　4. ABDEF　　　5. ABCDE

6. ABCD　　7. AB　　　8. ABC　　9. ACE　　　10. ABDE

三、填空题：（共 10 题，每题 2 分，共 20 分，中英文均可）

1. 基本体素　　　　　　　　　　　2. 样条曲线

3. 约束关系　　　　　　　　　　　4. 角色

5. 8　　　　　　　　　　　　　　6. 6，正等测图，正三轴测视图。

7. 移除面然后抽壳，所有面抽壳　　8. 工作部件，显示部件

9. 点构造器　　　　　　　　　　　10. 投影视图

四、判断题：正确的打"√"，错误的打"×"。（共 10 题，每题 2 分，共 20 分）

1. ×　　2. ×　　3. ×　　4. ×　　5. ×

6. ×　　7. ×　　8. √　　9. √　　10. √

五、问答题：（共 5 题，每题 4 分，共 20 分，中英文均可）

1. 基准面的用途有哪些？

1）定义草图平面；

2）作为建立孔等特征的平面放置面；

3）作为定位孔等特征的目标边缘；

4）当使用镜像体和镜像特征命令时用作镜像平面；

5）当建立拉伸和旋转特征时用于定义起始或终止界限；

6）用于修剪体；

7）用于在装配中定义定位约束；

8）帮助定义一相对基准轴。

2. 在装配环境中选择 Save、Save All 和 Save Work Part Only 命令有什么区别？

1）选择 Save 命令：如果工作部件是一个独立部件，仅该部件被保存；如果工作部件是一装配或子装配，其下所有修改了的组件也将被保存，但并不保存高一级修改了的部件和装配。

2）选择 Save All 命令：保存所有修改了的部件，而不管当前工作部件是哪一个。

3）选择 Save Work Part Only 命令：仅保存工作部件本身，即使工作部件是一装配或子装配，其下所有修改了的组件不会被保存。

3. 抑制特征（Suppress Feature）有哪些用途？

1）临时移除一个复杂模型的特征，以便缩短创建、对象选择、编辑和显示时间；

2）为了进行分析工作，可从模型中移除比如小孔和圆角之类的非关键特征；

3）在冲突几何体的位置创建特征，例如：如果需要用已经倒圆的边来放置特征，则不需删除倒圆，可先抑制倒圆，创建并放置新特征，然后取消抑制倒圆。

4. 草图中自动约束的类型有哪些？

水平、垂直、相切、平行、正交、共线、同心、等长、等半径、点在线上、共点。

5. 部件导航器有哪些功能？

1）在详细的图形树结构中显示部件，特征、视图、图纸、用户表达式、引用集以及不使用的项都会显示在图形树中；

2）可以方便地更新和了解部件的基本结构；

3）可以选择和编辑图形树中各项的参数；

4）可以重新安排部件的组织方式。

第 2 部分　上 机 操 作

时间：120 分钟　　总分：100 分

1. 创建一个公制 part 文件，应用 Sketch 模块绘出图 B-2 所示草图。（30 分）

要求：

1）用直线和圆弧建立图形；

2）草图全约束，并且几何约束和尺寸约束正确；

3）公制文件名自定。

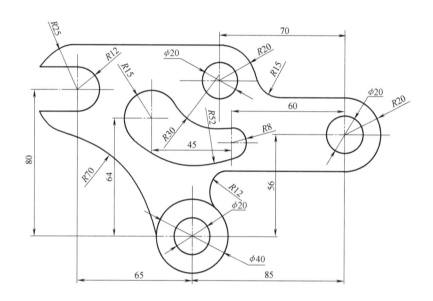

图　B-2

解答：扫二维码，观看视频演示。

2. 完成图 B-3 所示零件的建模。（共 30 分）

要求：

1）单位为英制；

2）保留全部相关建模特征参数；

3）所有尺寸准确；

4）文件名自定。

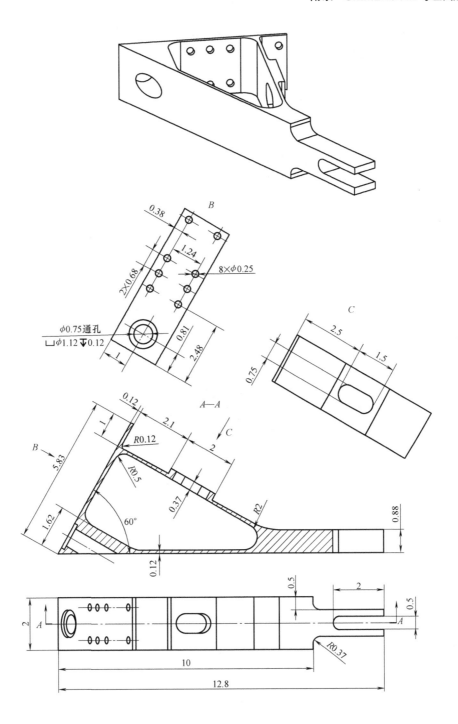

图 B-3

解答：参见教材第 2 章中 2.10 实例 10。

3. 创建公制装配部件 vise_assembly.prt，添加组件（组件部件文件在 vise 文件夹下），创建图 B-4 所示装配。（20 分）

要求：

1）装配约束完整正确；

2）新建引用集"Solid Body"，该引用集仅包含实体，完成后所有组件的引用集均设置为"Solid Body"；

3）应用自顶向下建模技术创建垫片 vise_moving_spacer，要求：垫片的截面与组件 vise_moving_jaw 相关，应用 WAVE 几何链接器；

4）垫片厚度为 vise_moving_jaw 和 vise_jaw_plate 之间的距离，且保持相关性（结果如图 B-4 所示）。

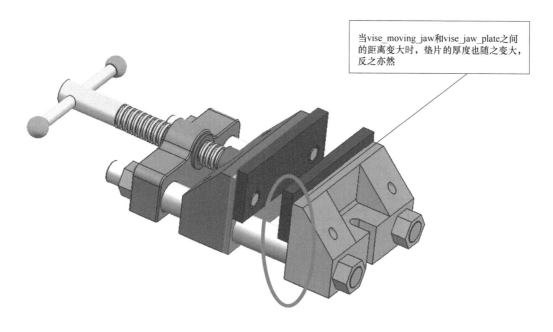

当vise_moving_jaw和vise_jaw_plate之间的距离变大时，垫片的厚度也随之变大，反之亦然

图　B-4

解答：扫二维码，观看视频演示。

4. 用公制零件 a3.prt，按照主模型出图规范，创建图 B-5 所示图样。（20 分）

要求：

1）图纸为 A3 幅面，除了正二测与正二测阶梯剖视图的视图比例为 1 ∶ 1.5，其余视图比例均为 1 ∶ 1，字体大小、颜色不作要求；

2）去除网格、视图边框，图样为黑白显示模式，视图布局、尺寸标注、注释格式、视图标签等必须与图示完全一致；

3）必须使用主模型出图规范。

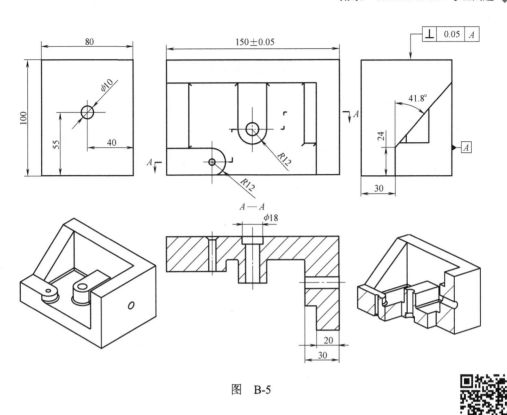

图　B-5

解答： 扫二维码，观看视频演示。

参 考 文 献

［1］ 洪如瑾 . UG CAD 快速入门指导［M］. 北京：清华大学出版社，2001.

［2］ 王学平，张志平，何光忠 . UG NX 3D 建模练习与产品造型实例［M］. 北京：清华大学出版社，2010.

［3］ 钟日铭 . UG NX 10.0 入门与范例精通［M］.2 版 . 北京：机械工业出版社，2015.

［4］ 北京兆迪科技有限公司 . UG NX 10.0 快速入门教程［M］. 北京：机械工业出版社，2015.

［5］ 胡仁喜 . UG NX 12.0 中文版从入门到精通［M］. 北京：机械工业出版社，2018.